A
First
Course
in
Statistics
with R

よくわかる！
Rで身につく
統計学 入門

兵頭 昌／中川 智之／渡邉 弘己 著

共立出版

まえがき

　本書は初等的な微分積分や線形代数を学んだ大学 2〜3 年生を念頭において，理系でも文系でも学習できるように構成しております．また，実践的なデータ解析に必要である推定，検定，回帰分析などの内容については，理論面だけでなく統計ソフト R で実装する力を養うことも目的としました．なお，統計ソフト R の利用に際しての簡単な注意事項を第 1 章にまとめております．必要に応じて，ご活用ください．

　この本の前半では，データ解析手法を改良したり正しい解釈を行うために必要不可欠であろう数理的な力を養うことも目的としました．そのため，統計学における重要な概念や数理的な性質を第 2 章から第 7 章までで扱います．文系学生にとって，とくに第 3 章から第 7 章の内容は辛く難しく感じるかもしれません．その場合は，どこでつまずいているのかを明確にし，そのために必要な（微積分や線形代数の）道具を探してみてください．勉強を続ければ，なんとかなるはずです．そして，わかるまで何度も読み直すことで徐々にこれらの内容に愛着がわき，思考力を養うような素敵な演習問題へ取り組むことで数理への愛が生まれ，超文系（文系理系の枠を超えた存在）になれるとわれわれは信じております！　なお，比較的難しい節や演習問題などには 🐾 を付けておりますので，お役立てくださいませ．

　この本の後半では，推定，検定，回帰分析の方法論に加えて，それらを R で実装する力を養うことを目的としました．基本的には，方法論の紹介と対応する R コードの説明といった形式で簡潔にまとめており，必要に応じて付録のデータを用いながら，R コードを自学自習できるような仕組みになっております．なお，シャープ記号 (#) 以後行末までは，説明のために加えたコメントであり，実際に入力する必要はないことに注意してください．また，全体を通じ，R のオブジェクト名，その成分，要素，属性，そしてコードは等幅フォントで表示しています．特に一目で区別できるように，関数名は hghg() のように括弧を付けて表しています．付録のデータは https://sites.google.com/view/uribonet20201126 より取得してください．

　本書では，あくまでも入門レベルの数理的知識の定着を目指したため，もっと理論部分を

知りたいと思う読者が出てくることが予想されます．そんな皆様へ吉報です！ 世の中には素敵な本がたくさんございますので，一部を紹介させていただきます．理論的な部分をもっと知りたい，もっとディープな統計を知りたい場合は，例えば，小林正弘・田畑耕治 (2021)『確率と統計：一から学ぶ数理統計学（数学のかんどころ 39）』や野田一雄・宮岡悦良 (1992)『数理統計学の基礎』などがお勧めです．

　本書の執筆にあたり大変お世話になりました共立出版の菅沼氏，本書を丁寧にお読みいただき有益な助言をくださいました富澤教授ならびに田畑教授，本書の素敵な演習問題を作成いただいた桃﨑氏に心より御礼申し上げます．また，わたくしごとで恐縮ですが，末期ガンを患いながら懸命に生きた兵頭の飼い猫うりぼう（享年 12 歳）にこの本を捧げたいと思います．

2022 年 9 月

兵頭昌，中川智之，渡邉弘己

ギリシャ文字

大文字	小文字	読み方	大文字	小文字	読み方
A	α	アルファ	N	ν	ニュー
B	β	ベータ	Ξ	ξ	クサイ（クシー，グザイ）
Γ	γ	ガンマ	O	o	オミクロン
Δ	δ	デルタ	Π	π	パイ（ピー）
E	ϵ, ε	イプシロン（エプシロン）	P	ρ, ϱ	ロー
Z	ζ	ゼータ（ツェータ）	Σ	σ, ς	シグマ
H	η	イータ（エータ）	T	τ	タウ
Θ	θ, ϑ	シータ（テータ）	Υ	υ	ウプシロン（ユープシロン）
I	ι	イオタ（イオータ）	Φ	ϕ, φ	ファイ（フィー）
K	κ	カッパ	X	χ	カイ
Λ	λ	ラムダ	Ψ	ψ	プサイ（プシー）
M	μ	ミュー	Ω	ω	オメガ

目　次

第1章

Rの基本

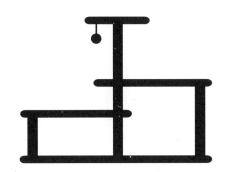

　Rは統計解析向けプログラム言語であり，無料で用いることができ，多くのパッケージを有している．そのため，多くの統計解析の場面で使われている．そのほかにも統計解析には，PythonやSAS, MATLAB, Mathematica, Juliaなどの多くの言語が用いられており，それぞれ特徴が違うので使う場面によって使い分けるのがよい．本書では，多くのパッケージがあり，初学者にも扱いやすいRを用いることにする．

　Rのインストールに関する情報は，web上にたくさんあるので，そちらを参照されたい．またRは頻繁に更新が行われており，最新版を常にインストールすることをお勧めする．本章では，本書を読む上で重要になるRの基本的な操作の方法についてまとめておく．Rをすでに知っている方は読み飛ばしてもらっても問題ない．

1.1　読み込みファイルの準備

　次章から統計学とそれをRで実現するためのコマンドについて述べていくが，その前にRの使い方について簡単に触れておく．Rで分析をする際，分析したいデータを直接Rに入力することもできるが，大規模なデータの場合は相当の手間がかかるため，事前に別のデータファイルに分析したいファイルを用意しておくべきである．Excelファイルから読み込むことも可能であるが，別途パッケージ（後述）をインストールする必要があり，インストールができてもうまく読み込めないことがあるため，初心者はこの段階でつまずいてしまう可能性がある．

　そのため，本書ではcsvファイルを読み込んでデータ解析をする．ここで，csvとは"Comma Separated Value"の頭文字をとったものであり，数値や項目をコンマ (,) で区切ったテキストファイルのデータのことをcsvファイルと呼ぶ．テキストファイルであるため，csvファイルはメモ帳などのテキストエディタで編集することも可能である．このcsvファイルを簡単に作成するには，まずExcelでデータを図1.1のように入力し，ファイルを保存する際にcsv形式を選択するとよい．Excelで入力する際，1行目には変数ラベル（日本語はなる

べく避ける）を入力すること．

Excel で csv ファイルを作成するには，まず，Excel のファイルタブから「名前を付けて保存」を選択し，作業用のフォルダ（後述）を選択する．このとき，図 1.2 のようにファイルの種類を選択できるので，ここで「ファイルの種類」の「CSV（コンマ区切り）」を選択し，保存する．以上の操作を行うと，指定したフォルダに csv ファイルを保存できる．

	A	B	C	D	E	F
1	ID	height	weight	sex	blood	grade
2	1	150.8	43.9	female	A	A
3	2	171.8	74.6	male	B	S
4	3	159.7	69.1	male	B	C
5	4	138.7	45.9	female	A	C
6	5	129.5	37.9	female	AB	B

図 1.1　データの入力

図 1.2　ファイルの種類

1.2　R の基本的な使い方

R の画面

R を起動すると，まず，図 1.3 のような画面が表示される．

この画面のことをコンソール画面という．コンソールとは制御盤，操作卓という意味を持つ英単語 (console) であり，コンソール画面は R で統計解析をする際にメインとなる画面である．コンソール画面に直接コマンドを入力し，実行することも可能であるが，通常はそのようなことはせずに，スクリプト画面（図1.4）にコマンドを入力する．スクリプト画面は R のメニューの「ファイル」→「新しいスクリプト」（Macの場合：「ファイル」→「新規文書」）から開くことができる．

図 1.3　コンソール画面

R に処理を命令するコマンドはこのスクリプト画面に記述する．実際にコマンドを実行したい場合は，実行したいコマンドを範囲選択して Ctrl + R （Macの場合： command + Enter ）で実行することができる．

図 1.4　スクリプト画面

なお，記述したスクリプトを保存したい場合は他のソフトウェアと同様に Ctrl + S （Macの場合： command + S ）で名前を付けて保存することができ，保存したスクリプトは R のメニューの「ファイル」→「スクリプトを開く」（Mac の場合：「ファイル」→「文書を開く」）で開くことができる．

ディレクトリの変更

　Rによる処理はあらかじめ定めた作業ディレクトリ（フォルダ）[1]内で処理が行われる．別のフォルダにあるファイルを読み込むためにはファイルのパス（ファイルの存在する場所）を指定する必要があり，面倒なので，データ分析を始める前に作業ディレクトリをデフォルトのフォルダから変更すべきである．作業ディレクトリを変更するためにはRのメニューの「ファイル」→「ディレクトリの変更」（Macの場合：「その他」→「作業ディレクトリの変更」）と選択し，作業ディレクトリに設定したいフォルダを指定すればよい．分析に使用するファイルは指定した作業ディレクトリ内にすべて保存をしておくとよい．

ファイルの読み込み

　Rでcsvファイルを読み込みたい場合はread.csv()という関数を用いる．例えば，作業ディレクトリ内のtest.csvという名前のファイルを読み込みたい場合は以下のようにすればよい．

```
data <- read.csv("test.csv", header=T)
```

上記のプログラムを実行することによりtest.csvに入力されているデータが変数data内に格納される．"<-"は代入を意味しており，上記のコードではdataにtest.csvのデータを代入していることになる．なお，"header=T"はcsvファイル内の1行目が変数ラベルである場合に指定するもので省略可能である．1行目が変数ラベルでない場合は"header=F"とすればよい．

パッケージのインストール

　Rを使って統計解析をする上でのメリットの1つにパッケージがある．パッケージをインストールしなくともある程度の分析は可能であるが，パッケージを利用することで世界中の研究者が作成しているプログラムを無料で利用することが可能となる．このパッケージは日々更新されているため，常に最新の統計解析の手法を活用できる．パッケージのインストールはinstall.packages("パッケージ名")と入力すると簡単に利用できる．例えば，"MASS"というパッケージをインストールしたい場合，以下のプログラムを実行する．

```
install.packages("MASS")
```

図 **1.5** ミラーサイトの選択

　これを実行した場合，図1.5にあるようにミラーサイトを選択する画面

---

[1] 「ディレクトリ」は「フォルダ」と同じ意味だが，プログラムに関する文脈では「ディレクトリ」と表現されることが多い．

が出てくるので，国内のミラーサイトを選択すると "MASS" パッケージをインストールすることができる.

なお，パッケージのインストールは，R のメニューから「パッケージ」→「パッケージのインストール」と進み，ミラーサイトを選択し，インストールしたいパッケージを選択して「OK」を選択してもできる. インストールしたパッケージを実際に使用する場合は library(パッケージ名) で呼び出す必要がある. "MASS"パッケージを使いたい場合はインストールをした後に以下のプログラムを実行する必要がある.

```
library(MASS)
```

算術演算子

R を使って統計学を学ぶ前に簡単な計算をする方法を紹介する. R で使用できる主な算術演算子を表 1.1 でまとめる.

表 1.1　算術演算子とその意味

算術演算子	+	-	*	^	/	%/%	%%	<-
意味	和	差	積	累乗	商	整数商	剰余	代入

これらの算術演算子を使って計算をすると以下のようになる.

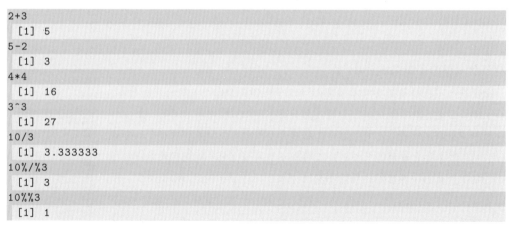

```
2+3
 [1] 5
5-2
 [1] 3
4*4
 [1] 16
3^3
 [1] 27
10/3
 [1] 3.333333
10%/%3
 [1] 3
10%%3
 [1] 1
```

また，数値を直接入力して計算するのではなく，変数（オブジェクト）に数値を代入して計算することもできる. つまり，以下のような計算も可能である.

```
x <- 3
y <- 5
x + y
 [1] 8
```

論理演算子・比較演算子

　プログラムを書く上で，重要となってくるのが論理値である．基本的にコンピュータは TRUE（真）か FALSE（偽）かのどちらかでしか判断できない．R では，T を真，F を偽として扱うことができる．if・else 文はこれらを用いて分岐を作っているので，論理演算は重要である．ここでは R 内の論理演算のいくつかを紹介する．

　表 1.2 は基本的な論理演算子を与えている．!x は x の否定であり，x が TRUE (FALSE) であれば逆の FALSE (TRUE) を返す．論理積は「かつ」の意味であり，x & y は x と y のどちらも TRUE であれば TRUE を返し，そうでなければ FALSE を返す．一方で，論理和は「または」の意味であり，x | y は x と y のどちらかが TRUE であれば TRUE を返し，そうでなければ FALSE を返す（表 1.3）．

表 1.2　論理演算子とその意味

論理演算子	!	&	|
意味	否定	論理積	論理和

表 1.3　具体例

x	y	!x	x & y	x | y
TRUE	TRUE	FALSE	TRUE	TRUE
FALSE	TRUE	TRUE	FALSE	TRUE

実際に R で実行してみると以下のような結果が返ってくる．

```
x <- T
y <- F
!x
 [1] FALSE
x & y
 [1] FALSE
x | y
 [1] TRUE
```

　またプログラミングを行う上で，比較演算子も重要となる．表 1.4 は基本的な比較演算子をまとめている．

表 1.4　比較演算子とその意味

比較演算子	==	!=	<=	=>	<	>
意味	等号	≠	≤	≥	<	>

　例えば，以下のように使うと TRUE と FALSE が返ってくる．それぞれ試してみよう．

```
x <- 10
y <- 3
z <- 10
x == y
 [1] FALSE
x == z
 [1] TRUE
x != y
 [1] TRUE
```

```
x < y
 [1] FALSE
x < z
 [1] FALSE
x <= z
 [1] TRUE
```

数学に用いられる基本的な関数

他にも数学に用いられる多くの基本的な関数（三角関数や対数関数など）がRには実装されている．表1.5でまとめておく．

表1.5　Rの基本的な関数

関数	意味	関数	意味	関数	意味
sin(x)	$\sin x$	log(x)	対数（底：e）	sinh(x)	$\sinh x$
cos(x)	$\cos x$	log10(x)	常用対数（底：10）	cosh(x)	$\cosh x$
tan(x)	$\tan x$	log2(x)	底が2の対数	tanh(x)	$\tanh x$
asin(x)	$\arcsin x$	exp(x)	e^x	asinh(x)	$\sinh x$ の逆関数
acos(x)	$\arccos x$	expm1(x)	$e^x - 1$	acosh(x)	$\cosh x$ の逆関数
atan(x)	$\arctan x$	sqrt(x)	$\sqrt{x}$	atanh(x)	$\tanh x$ の逆関数
round(x)	四捨五入	floor(x)	小数を切り捨て	ceiling(x)	小数を切り上げ
trunc(x)	整数部分	sign(x)	x の符号		

以下のように実行すれば結果が得られる．気になる人は実際に実行してみるとよいだろう．

```
sin(pi/2)
 [1] 1
log(2)
 [1] 0.6931472
```

ここで，pi は円周率を表す．注意として，pi <- 3 など pi に違う値を代入してしまうと書き換えられてしまうので，代入する際は定義されていない文字を使うことをお勧めする．

データの型と構造

Rにデータを取り込む際には，データの型や構造が違うと演算子や関数が使えない場合がある．表1.6に主なデータの型と構造を列挙している．

表1.6 Rの主な型と構造

型	実数	整数	複素数	文字列	論理値		
名	numeric	integer	complex	character	logical		
構造	ベクトル	行列	配列	リスト	データフレーム	順序なし因子	順序つき因子
名	vector	matrix	array	list	data.frame	factor	ordered

あるオブジェクトが特定の型もしくは構造になっているかを調べる方法は，is.名（オブジェクト）という形で検証できる．また，あるオブジェクトを特定の型もしくは構造に変換する方法は，as.名（オブジェクト）を実行すればよい．以下でいくつかの値に対して実行している．

```
is.integer(pi)        # 円周率 pi が整数か調べる
 [1] FALSE
is.numeric(pi)
 [1] TRUE
a <- as.character(1) # 文字列として 1 を代入
is.character(a)
 [1] TRUE
is.integer(a)
 [1] FALSE
```

見てわかるように，R内のpiは実数であり，整数ではない．一方，aには文字列としての1が格納されており，整数でないことが確認できる．他にも色々試してみるとよいだろう．

1.3 Rの注意点

ここで本章の最後にRの使用に関する注意事項を以下に挙げておく．

- Rでは全角と半角，大文字と小文字は厳密に区別される．
- 基本的にファイル名や変数名などに日本語は使用しないこと．日本語を使うと使用する環境やパッケージによって予期せぬバグが発生する場合がある．
- シャープ記号 (#) の後のコードはコメント扱いになるため，コマンドとしては認識されない．そのため，入力したプログラムの説明を#の後に記載しておけば後で見返したときでも理解しやすくなる．
- プログラムを書く際は，見やすさやプログラムのミスを見つけやすくするためにインデントを正しく行うほうがよい．

第2章

記述統計

室内で実験をしてデータを集めたり，街へ出て調査をしてデータを集めたりすることで，たくさんのデータが得られる．記述統計とは，観測して得られた各データを整理したり要約したりする方法である．ここで，観測とは，自然科学の分野では実験を意味し，社会科学の分野では調査を意味する．観測して得られたデータそのものは数値などの羅列でしかない．そこから，データに関して何か説明しようとしても，そのまま眺めるだけでは何も得ることはないだろう．特に，データの個数が多ければ多いほど困難を極めるであろう．

記述統計の手法を利用すれば，データから表やグラフを作成したり，平均や標準偏差などを計算することにより，効率的にデータから情報を読み取ることが可能となる．これらの情報をデータから計算する際にRを用いると便利である．例えば，データ x やデータ y が得られたときの基本的な統計量を算出する関数が，Rには数多く実装されている（表2.1）．

表 2.1 R の基本記述統計関数

関数	意味	関数	意味	関数	意味
sum(x)	x の総和	var(x)	x の不偏分散	max(x)	x の最大値
mean(x)	x の平均	cov(x, y)	x と y の共分散	min(x)	x の最小値
median(x)	x の中央値	cor(x)	x と y の相関係数	sort(x)	x の昇降整列
cumsum(x)	x の累積和	prod(x)	x の総積	range(x)	x の最小値と最大値

本章では，代表的な記述統計の手法（ヒストグラム，データの中心，データのバラツキ，2次元データの基本的な処理）を，Rコマンドの実装法とともに紹介する．また実際にデータ解析する際は，以下の記述統計の方法を用いてデータの特徴を時間をかけて調べる必要がある．なぜなら，特徴を捉え間違えると統計解析方法を間違えることにつながるからである．

2.1 データの種類

まず，統計で扱うデータに関して，その特徴に応じた分類を行う．理由は，データの特徴に応じて手法を使い分ける必要があるからだ．

データは，以下のような質的データと量的データに分類される．

定義 2.1　質的データと量的データ

質的データと量的データとは，以下のように定められるデータをいう．

- **質的データ**：数値として観測することに意味がなく，あるカテゴリに属していること，もしくはある状態にあることがわかるようなデータ．例えば，使用している携帯電話の通信会社，アンケートや問診票にある性別，授業の満足度を「非常に満足・やや満足・どちらともいえない・やや不満・非常に不満」によって評価したデータなど．
- **量的データ**：定量的な値を持つデータ．例えば，身長，体重，靴のサイズ，テストの点数，日数など．

質的データに名目上数値を割り当ててデータ処理される場合があるが，その際の数値自身には意味がないことに注意しなければならない．数値の順序に関して，質的データはさらに以下のような名義尺度と順序尺度に分類される．

定義 2.2　名義尺度と順序尺度

名義尺度と順序尺度とは，以下のように定められる質的データをいう．

- **名義尺度**：データの値が同一かどうかの区別のみが意味を持つ質的データ．例えば，血液型を「A 型 = 1, B 型 = 2, AB 型 = 3, O 型 = 4」と割り当てた場合，数値の並び順や大小に意味はない．
- **順序尺度**：データの値の並び順が意味を持つデータをいう．例えば，成績を「S = 4, A = 3, B = 2, C = 1」と割り当てた場合，数値の順番は意味を持つ．

量的データは，割合を考えることによって間隔尺度と比尺度に分類される．

定義 2.3　間隔尺度と比尺度

間隔尺度と比尺度とは，以下のように定められる量的データをいう．

- **間隔尺度**：データの間隔に意味がある量的データ．和や差の演算が可能であり，0 はひとつの状態を表す．例えば，気温や西暦などが間隔尺度である．
- **比尺度**：データの間隔と比率に意味がある量的データ．和差積商の演算が可能であり，0 は何もないことを意味する．例えば，身長，体重，球速などが比尺度である．

間隔尺度と比尺度の違いは「0」の意味に違いがあることから生じる．身長や体重の場合 0 cm(0kg) とは「長さ（重さ）がない」ということになるが，気温の 0℃は「気温がない」ということにはならない．0 の意味が絶対的でデータ間での割合が意味を持つデータであるときは比尺度と判定し，0 の意味が相対的でデータ間での割合が意味を持たないデータであるときは間隔尺度と判定する．

また，年間の渡航回数や出生数など離散的な値しかとらないタイプを**計数データ** (count data)，気温や外貨為替など連続的な値をとるタイプを**計量データ**という．

◆ 例題 2.1 データの種類 ◆

次を量的データと質的データに分類せよ．また，質的データの場合は，名義尺度と順序尺度に分類し，量的データの場合は，間隔尺度と比尺度へ分類せよ．
(1) 猫の品種，(2) マラソン大会の順位，(3) 本籍地，(4) バッタの体長，(5) 体温

【解答】 質的データは (1),(2),(3)．量的データは (4),(5)．さらに，(1),(3) は名義尺度，(2) は順序尺度，(4) は比尺度，(5) は間隔尺度．　□

これまでの議論を，表 2.2 にまとめる．

表 2.2 データ分類まとめ

		演算
質的データ	名義尺度	できない
	順序尺度	順序の比較は可
量的データ	間隔尺度	和差 $(+, -)$
	比尺度	和差積商 $(+, -, \times, \div)$

2.2 ヒストグラム

ヒストグラムは，量的データの分布を視覚化するために利用される．統計モデルを利用した分析や検定・推定の事前処理として，ヒストグラムの形からデータ全体の傾向を捉えたりすることはよくある．

データ $x_1, x_2, \ldots, x_n$ の最小値を $x_{\min}$，最大値を $x_{\max}$ とする．このとき，$a_{\min} < x_{\min}$，$x_{\max} < a_{\max}$ である $a_{\min}$ と $a_{\max}$ の間を k 個の区間に分割したとする．つまり，$a_0 = a_{\min}$，$a_k = a_{\max}$ として，k 個の小区間

$$[a_0, a_1), [a_1, a_2), \ldots, [a_{k-1}, a_k)$$

に分割する．ここで，記号 $[a_i, a_j)$ [1) は「a_i 以上で a_j 未満の実数の全体」を意味する記号で

[1)]2 つの実数 a, b $(a < b)$ について，$a \leq x \leq b$ を満たす実数 x の集合を，a, b を両端とする**閉区間**といい，$[a, b]$ と表す．同様に，$a < x < b$ を満たす実数 x の集合を，a, b を両端とする**開区間**といい，(a, b) と表す．また，$a \leq x < b$ や $a < x \leq b$ を満たす実数 x の集合は，a, b を両端とする**半開区間**といい，$[a, b)$ や $(a, b]$ と表す．

ある．このような小区間を，階級（ビン）と呼ぶ．なお，階級の幅は，スタージェスの公式や
スコットの公式に基づいて決める方法がある（[31] を参照）が，すべてのデータに適応できる
ような万能な公式ではないため，公式に固着せず，データの特徴や解析目的に応じて決定す
ることをお勧めする．なお，R では何も指定しなければ，スタージェスの公式が用いられる．
a_0 と a_k の定め方から，データ x_i は，k 個の階級のうちのいずれか1つの階級へ必ず属する
ことがわかる．各階級 $[a_i, a_{i+1}]$ に属するデータの数を f_i と表し，度数と呼ぶ．ヒストグラム
の横軸は階級を表し，縦軸は度数を表す．

◆ 例題 2.2 ヒストグラム ◆

付録の csv ファイル data2_1.csv は，ある大学の学生 50 人の身長をまとめたデータであ
る．このデータのヒストグラムを統計ソフト R を用いて作成せよ．

【解答】 まずは，csv ファイル data2_1.csv の保存されている場所へ作業ディレクトリを変更後，統
計ソフト R を起動して現れた画面にあるプロンプトの場所へ，次のようなコマンドを入力しデータを
読み込む．

```
data <- read.csv("data2_1.csv", header=T)
x    <- data$height
```

読み込んだ data は，個人 id が 1 列目にあり身長 height が 2 列目にある構造になっているため，
2 列目（身長部分）を取り出す必要がある．data$height を実行することで，data の 2 列目にある身
長のデータを抽出して x に代入している．次に，R の組み込み関数 hist() に，数値のベクトルを与
えると，ヒストグラムが描かれる．つまり，以下のようなコマンドを実行することで，図 2.1 のよう
なヒストグラムが得られる．

```
hist(x, main="hist", xlab="height", ylab="freq",
     xlim=c(163,178), ylim=c(0,15), col="black")
```

main ではグラフのタイトルを指定する．xlab と ylab では，それぞれ，x 軸と y 軸のラベルを指
定する．xlim と ylim にはベクトルを指定することで，それぞれ，x 軸の範囲と y 軸の範囲を指定す
る．col には色名を指定することでヒストグラムのバーの色を指定できる．ここには，"black" のよ
うに色名をしていることもできるし，RGB で指定することもできる．

なお，ヒストグラムの幅は，デフォルトでは，スタージェスの公式によって計算された幅が利用さ
れるが変更することもできる．引数 breaks では引数にベクトルを読み込むことでヒストグラムの横
軸の範囲と分割の幅を指定できる．例えば以下のように，seq(160,180,5) を指定すると 160 センチ
から 180 センチまでの範囲を 5 センチずつ分けたヒストグラム（図 2.2）を描くことができる．

```
hist(x, breaks=seq(160,180,5), main="hist", xlab="height",
     ylab="freq", xlim=c(163,178), ylim=c(0,15), col="black")
```

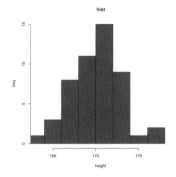

図 2.1 身長のヒストグラム（デフォルト）

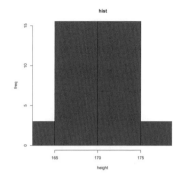

図 2.2 身長のヒストグラム（幅変更）

2.3 箱ひげ図

ヒストグラムと同様に，データの傾向を見る図としてよく利用されるものに箱ひげ図 (box-plot) がある．ヒストグラムはデータの分布を見るのには非常に適しているが，データの中心や散らばりだけを見たい場合には情報量が多すぎる．一方で，箱ひげ図はデータの中心や散らばりを簡易的に見ることができ，外れ値や異常値を見つけやすいという利点がある．

◆ **例題 2.3 箱ひげ図** ◆

付録の csv ファイル data2_1.csv は，ある大学の学生 50 人の身長をまとめたデータである．このデータの箱ひげ図を統計ソフト R を用いて作成せよ．

【解答】 R の組み込み関数 boxplot() に，数値のベクトルを与えると，箱ひげ図が描かれる．つまり，以下のようなコマンドを実行することで，図 2.3 のような箱ひげ図が得られる．

```
data <- read.csv("data2_1.csv", header = T)
x    <- data$height
boxplot(x, main="Boxplot", xlab="", ylab="height")
```

□

ヒストグラムのときと同様に main ではグラフのタイトルを指定する．xlab と ylab では，それぞれ，x 軸と y 軸のラベルを指定する．col でヒストグラムのバーの色を指定できる．

図 2.3 を見てわかるように箱ひげ図は箱にひげが生えたような図のことをいい，箱の部分が 50% のデータの部分であり，ひげがそこからの散らばりを表している．図 2.3 にある中央値，第 1 四分位数，第 3 四分位数，四分位範囲の定義については，2.5.3 項で説明する．図 2.3 を見れば外れ値（異常値）がすぐわかる．箱ひげ図では，上は第 3 四分位数から四分位範囲の 1.5 倍以上大きい値，下は第 1 四分位数から四分位範囲の 1.5 倍以上小さい値をそれぞれ外れ値としている．図 2.3 の中にある最大値と最小値は，外れ値を除いた後の最大値と最小値であ

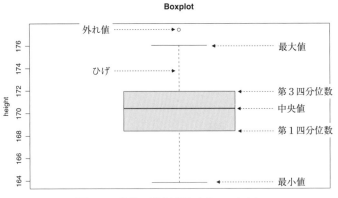

図 2.3　身長の箱ひげ図（デフォルト）

ることには注意してほしい．また箱ひげ図は 2 つ以上のデータを比べることにも適している．

◆　例題 2.4　複数の箱ひげ図　◆

付録の csv ファイル data2_2.csv は A，B 両クラスの得点をまとめたデータである．この
データの箱ひげ図を統計ソフト R を用いて作成せよ

【解答】　R の組み込み関数 boxplot() に，2 列の数値のベクトルを与えると，箱ひげ図が描かれる．
つまり，以下のようなコマンドを実行することで，図 2.4 のような箱ひげ図が得られる．

```
data <- read.csv("data2_2.csv", header = T)
boxplot(data, main="Boxplot", xlab="", ylab="test")
```

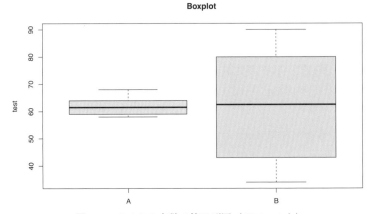

図 2.4　テストの点数の箱ひげ図（デフォルト）

　図 2.4 を見てわかるように A クラスの方が散らばりが小さいことが一目瞭然である．この
ように複数のデータを比較したいときも箱ひげ図は有用である．

2.4 データの中心を表す要約統計量

2.4.1 標本平均

データの位置を表す縮約値として代表的な値が**標本平均**である．例えば，あるクラスの英語のテストの平均点や複数の店舗の平均売上額（円/年）などのように，データを足し合わせることによって基準となる値が算出される場合に利用される．

定義 2.4 **標本平均**

大きさ n のデータ $x_1, x_2, \ldots, x_n$ が与えられたとする．このとき，標本平均は

$$\bar{x} = \frac{1}{n}(x_1 + x_2 + \cdots + x_n) = \frac{1}{n}\sum_{i=1}^{n} x_i$$

で与えられる（$\bar{x}$ はエックス・バーと読む）．

◆ 例題 2.5 標本平均 ◆

付録の csv ファイル data2_1.csv は，ある大学の学生 50 人の身長をまとめたデータである．このデータの標本平均を統計ソフト R を用いて計算せよ．

【解答】 統計ソフト R では，x がベクトルまたは行列の場合，mean(x) は x のすべての要素の標本平均を出力することができる．

```
data <- read.csv("data2_1.csv", header=T)
x    <- data$height
bx   <- mean(x)
```

出力結果は，以下のようになる．

```
bx
 [1] 170.0774
```

この結果から，身長データの標本平均は $\bar{x} = 170.0774$ と求まる． □

次に標本平均に関する便利な性質について紹介する．元のデータの単位を変えたデータから再び標本平均を求めたりする際に以下の公式は便利である．

定理 2.1 **標本平均の線形性**

a, b を任意の定数とする．このとき，

$$\frac{1}{n}\sum_{i=1}^{n}(ax_i + b) = \frac{a}{n}\sum_{i=1}^{n}x_i + b = a\bar{x} + b$$

が成り立つ．

この公式は,「元のデータ x_i を a 倍して b 加えたデータ $ax_i + b$ の標本平均」は「元のデータの標本平均 $\bar{x}$ を a 倍して b 加えた値」に等しいことを保証している.

2.4.2 調和平均

例えば,一定距離を移動するときの速度の平均のように,逆数を足し合わせることによって基準となる値が算出される場合は調和平均が利用される.

定義 2.5 調和平均

大きさ n のデータ $x_1, x_2, \ldots, x_n$ が与えられたとする.このとき,データの調和平均は

$$H = \frac{n}{\dfrac{1}{x_1} + \cdots + \dfrac{1}{x_n}}$$

で与えられる.

◆ **例題 2.6** 調和平均 ◆

付録の csv ファイル data2_3.csv のデータは 10 km の区間を走行する自転車の 1 km ごとの速度 (speed) と移動時間 (time) を記録したデータである.このデータの調和平均を統計ソフト R を用いて計算せよ.また,平均速度と標本平均を求めて,調和平均と比較せよ.

【解答】 速度の調和平均を求めるには,R において以下のコマンドを実行すればよい.

```
data <- read.csv("data2_3.csv", header=T)
x    <- data$speed
hx   <- length(x)/sum(1/x)
```

出力結果は,以下のようになる.

```
hx
 [1] 6.05042
```

したがって,調和平均は $H = 6.05042$ であるとわかる.

一方で,移動距離 10 km を移動するのに要した時間で割ると平均速度は以下のように求まる.

```
sum(data$dist)/sum(data$time)
 [1] 6.05042
```

この結果から,上記の平均速度は調和平均に一致することがわかるが標本平均は

```
bx <- mean(x)
bx
 [1] 6.7
```

となり一致しない.

　以上から，同じ距離を進む場合の速度の平均を算出する場合には調和平均を利用することが望ましい. □

2.4.3　幾何平均

　例えば，過去 10 年間の出荷額（百万円/年）の平均増加率のように，データを相互に乗じて基準となる値が算出される場合は幾何平均が利用される.

> **定義 2.6**　幾何平均
>
> 大きさ n のデータ $x_1, x_2, \ldots, x_n$ が与えられたとする．このとき，データの幾何平均は
>
> $$G = \sqrt[n]{x_1 \cdots x_n}$$
>
> で与えられる.

◆ **例題 2.7　幾何平均** ◆

付録の csv ファイル data2_4.csv は，ジェンキンス航空会社の 1950 年から 1960 年の国際線旅客数の各年成長率をまとめたデータである．このデータから平均成長率を統計ソフト R を用いて計算せよ.

【解答】　このデータから平均成長率は幾何平均を利用し求めることができる．R においては，以下のコマンドを実行すればよい.

```
data <- read.csv("data2_4.csv", header=T)
x    <- data$gr
gmx  <- prod(x)^(1/length(x))
```

出力結果は，以下のようになる.

```
gmx
 [1] 1.00771
```

したがって，平均成長率は $G = 1.00771$ であるとわかる．ちなみに，1949 年の旅客数が 1520 人であり，1960 年の旅客数が 1654 であることに注意すると，$1520 \times G^{11} = 1654$ であることが確認できる．一方で，$1520 \times \bar{x}^{11} = 1654.165 \neq 1654$ となるため，平均成長率を求める際は平均 $\bar{x}$ を利用するのは適切でないとわかる. □

2.4.4　トリム平均

　データの外れ値の影響を避けるため，データの上位および下位 $100\alpha\%$ のデータを取り除いて残ったデータの平均をとるトリム平均などもある．トリム平均の考え方は，採点競技におけ

る得点でも使用されている.

定義 2.7　トリム平均

大きさ n のデータ $x_1, x_2, \ldots, x_n$ が与えられたとする. これらを小さい順に並べかえたものを, $x_{(1)}, x_{(2)}, \ldots, x_{(n)}$ と表す. つまり, $x_{(1)} \leq x_{(2)} \leq \cdots \leq x_{(n)}$ となっている. このとき, データの上位および下位 $100\alpha\%$ のデータ (つまり上位および下位 $\lfloor n\alpha \rfloor$ 個のデータ) を除いたトリム平均は

$$\bar{x}(\alpha) = \frac{1}{n - 2\lfloor n\alpha \rfloor} \sum_{i=\lfloor n\alpha \rfloor + 1}^{n - \lfloor n\alpha \rfloor} x_{(i)}$$

で与えられる. ここで, $\lfloor a \rfloor$ は床関数と呼ばれる関数であり, 実数 a の整数部分を表している (要するに切り捨て).

◆ 例題 2.8　トリム平均 ◆

付録の csv ファイル data2_5.csv は, data2_1.csv における最初の id の身長を 1696 とタイプミスしてしまったデータである. このようなデータに対して平均をとると, $\bar{x} = 200.604$ (cm) という通常では考えられない結果が返ってくる. タイプミスの 1696 が混入していることが原因である. そこで, 身長のデータの上位および下位 20% のデータを取り除いたトリム平均 $\bar{x}(0.2)$ を統計ソフト R を用いて計算せよ.

【解答】　トリム平均 $\bar{x}(0.2)$ を計算するには, 以下のコマンドを実行すればよい.

```
data <- read.csv("data2_5.csv", header=T)
x    <- data$height
tmx  <- mean(x, trim=0.2)
```

出力結果は, 以下のようになる.

```
tmx
 [1] 170.2832
```

この結果から, 身長データのトリム平均は $\bar{x}(0.2) = 170.2832$ と求まり, タイプミスされた身長 1696 の影響を除いた平均を算出することができる. □

2.4.5　中央値

　順序尺度や間隔尺度を大きさの順に整列させたとき, ちょうど中央に位置する測定値を**中央値**またはメディアンという.

| 定義 2.8 | 中央値 |

大きさ n のデータ $x_1, x_2, \ldots, x_n$ が与えられたとする．これらを小さい順に並べかえたものを，$x_{(1)}, x_{(2)}, \ldots, x_{(n)}$ と表す．つまり，$x_{(1)} \leq x_{(2)} \leq \cdots \leq x_{(n)}$ となっている．このとき，データの中央値は

$$M = \begin{cases} x_{((n+1)/2)} & n \text{ が奇数} \\ \dfrac{x_{(n/2)} + x_{((n/2)+1)}}{2} & n \text{ が偶数} \end{cases}$$

で与えられる．

また，中央値に関する注意点を以下にまとめておく．

- データの中に極端に大きい値や小さい値が混入した場合でも影響を受けにくい．
- 名義尺度のデータに対しては，中央値が定義できない．
- 標本平均はデータの分布が左右対称であるとデータの中央を表すが，左右対称でない場合には中央を表さない．
- データの分布が単峰ではない場合には，データの位置を表す要約統計量としてふさわしいかをよく吟味する必要がある．

◆ 例題 2.9　中央値 ◆

付録の csv ファイル data2_1.csv は，ある大学の学生 50 人の身長をまとめたデータである．このデータの中央値を統計ソフト R を用いて計算せよ．

【解答】　R において，中央値を求める関数は median() である．

```
data <- read.csv("data2_1.csv", header=T)
x    <- data$height
M    <- median(x)
```

出力結果は，以下のようになる．

```
M
 [1] 170.436
```

この結果から，身長データの中央値は $M = 170.436$ と求まる．　□

2.4.6　最頻値

質的データの場合には前述の標本平均を求めることができないため，最頻値を利用する．

定義 2.9 最頻値

質的データや量的データでも値が離散型のデータのとき，そのデータの値とそれが現れる度数（頻度）をまとめたものを**度数分布**といい，それを表にしたものを**度数分布表**という．度数分布表において頻度が最も高いカテゴリを**最頻値**と呼ぶ.

表 2.3 は，80 名の学生の統計学の成績を S, A, B, C, D の 5 ランクに分けたとき，それぞれのランクの人数の度数分布を表している.

付録のデータ data2_6.csv は，表 2.3 について S を 4, A を 3, B を 2, C を 1, D を 0 と表した 80 人分のデータが格納されている．集計した表から最頻値は 1(C) であるとわかる.

表 2.3

成績	S	A	B	C	D	合計
人数	3	5	28	34	10	80

◆ 例題 2.10 最頻値 ◆

集計前のデータ data2_6.csv から最頻値が C となることを，統計ソフト R を用いて確認せよ.

【解答】 R では以下のようにすれば，最頻値を求めることができる.

```
data <- read.csv("data2_6.csv", header=T)
x <- data$score
mdx <- names(which.max(table(x)))
```

まず，table(x) を用いてデータのそれぞれの値の頻度を求める．次に，which.max() を用いて頻度が最大のものを求めている．出力結果は，以下のようになる.

```
mdx
 [1] "1"
```

この結果から，80 名の学生の統計学の成績の最頻値は 1(C) と求まる. □

2.5 データの散らばりを表す要約統計量

前節では，データがどのような値を中心としているかを表す要約統計量について学んだ．しかし，これだけでデータの特徴がすべて表されているわけではない．データがどの程度散らばっているかという情報を把握することも重要である．そこで，本節ではデータの散らばりを表す要約統計量を紹介する.

2.5.1 範囲

データの中で最も大きい値を最大値と呼び，最も小さい値を最小値と呼ぶ．範囲は，データの最小値から最大値までの区間を指す.

定義 2.10　範囲

大きさ n のデータ $x_1, x_2, \ldots, x_n$ が与えられたとする．これらを小さい順に並べかえたものを，$x_{(1)}, x_{(2)}, \ldots, x_{(n)}$ と表す．このとき，データの範囲は

$$R = x_{(n)} - x_{(1)}$$

で与えられる．

◆ **例題 2.11　範囲** ◆

付録の csv ファイル data2_1.csv は，ある大学の学生 50 人の身長をまとめたデータである．このデータの範囲を統計ソフト R を用いて計算せよ．

【解答】　R において，最大値，最小値を求める関数は，それぞれ関数 max(), min() である．範囲の求め方は次のように行う．

```
data <- read.csv("data2_1.csv", header=T)
x    <- data$height
R    <- max(x) - min(x)
```

出力結果は，以下のようになる．

```
R
 [1] 13.57187
```

この結果から，身長データの範囲は $R = 13.57187$ と求まる．また，diff(range(x)) でも範囲を求めることができる．　　　□

2.5.2　不偏標本分散と不偏標本標準偏差

　不偏標本分散と不偏標本標準偏差はデータの散らばり（バラツキ）の状況を表す統計量である．不偏標本分散と不偏標本標準偏差の定義に関する説明の前に，まず以下の表 2.4 の試験問題 A, B の試験結果を見よう．各試験問題の 6 名の得点の標本平均は同じである．一体，何が違うのであろうか？

表 2.4　試験結果

試験問題 \ 学籍番号	1	2	3	4	5	6	標本平均
A (x)	63	59	68	60	64	58	62
B (y)	43	80	77	90	34	48	62

　図 2.5 では，横軸が学籍番号，縦軸が得点，中の横線は平均値を表している．図 2.5 からわかるように試験問題 A の得点（×）は平均値の周辺に集中しているが，試験問題 B の得点（○）は試験問題 A より散らばっている．

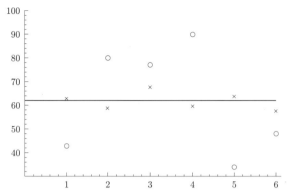

図 2.5 2つの試験問題の試験結果（× は試験問題 A の得点，○ は試験問題 B の得点）

このようにデータが平均値からどの程度散らばっているかでデータの特徴を説明することができる．データが平均値からどの程度散らばっているかを示す量として不偏標本分散と不偏標本標準偏差がある．なお，「不偏」の意味については，推測統計に関する 8.3 節で説明する．

定義 2.11　不偏標本分散

大きさ n のデータ $x_1, x_2, \ldots, x_n$ が与えられたとする．このとき，データの不偏標本分散は

$$s_{xx} = \frac{1}{n-1} \sum_{i=1}^{n} (x_i - \bar{x})^2$$

で与えられる．不偏標本分散 s_{xx} における $\frac{1}{n-1}$ を $\frac{1}{n}$ へ変更したものを**標本分散**という．

定義 2.12　不偏標本標準偏差

大きさ n のデータ $x_1, x_2, \ldots, x_n$ が与えられたとする．このとき，データの不偏標本標準偏差 sd_{xx} は不偏標本分散 s_{xx} の正の平方根であり，

$$sd_{xx} = \sqrt{\frac{1}{n-1} \sum_{i=1}^{n} (x_i - \bar{x})^2}$$

である．不偏標本標準偏差 sd_{xx} における $\frac{1}{n-1}$ を $\frac{1}{n}$ へ変更したものを**標本標準偏差**という．

◆　例題 2.12　不偏標本分散・不偏標本標準偏差　◆

試験問題 A, B の得点をまとめた data2_2.csv を用いて，各試験問題の不偏標本分散と不偏標本標準偏差を統計ソフト R を用いて計算せよ．また，その結果から何がわかるか？

【解答】 R では不偏標本分散を求める関数に var()，不偏標本標準偏差を求める関数に sd() がある．各試験問題の得点の不偏標本分散と不偏標本標準偏差を求めるコマンドを次に示す．

```
data <- read.csv("data2_2.csv", header=T)
x    <- data$A
y    <- data$B
varx <- var(x)        # 試験問題 A の不偏標本分散
sdx  <- sd(x)         # 試験問題 A の不偏標本標準偏差
vary <- var(y)        # 試験問題 B の不偏標本分散
sdy  <- sd(y)         # 試験問題 B の不偏標本標準偏差
```

出力結果は，以下のようになる．

```
varx
 [1] 14
sdx
 [1] 3.741657
vary
 [1] 534.8
sdy
 [1] 23.12574
```

この結果から，試験問題 A の不偏標本分散と不偏標本標準偏差はそれぞれ $s_{xx} = 14$, $sd_{xx} = 3.741657$ と求まり，試験問題 B の不偏標本分散と不偏標本標準偏差はそれぞれ $s_{yy} = 534.8$, $sd_{yy} = 23.12574$ と求まる．よって，試験問題 B の不偏標本分散 s_{yy} が試験問題 A の不偏標本分散 s_{xx} よりはるかに大きいことがわかる．

この結果と図 2.5 を比べると，バラツキが大きいデータの不偏標本分散が大きいことがわかる．標本平均はデータと単位が同じであるが，不偏標本分散は元のデータと単位が異なることに注意する．データと単位を揃えたい場合は，不偏標本標準偏差 sd_{xx}, sd_{yy} を用いればよい．　　　　□

定理 2.2 **不偏標本分散の性質**

a と b を任意の定数とする．このとき，$y_i = ax_i + b$ の不偏標本分散 s_{yy} は，

$$s_{yy} = \frac{1}{n-1} \sum_{i=1}^{n} (y_i - \bar{y})^2 = \frac{a^2}{n-1} \sum_{i=1}^{n} (x_i - \bar{x})^2$$
$$= a^2 s_{xx}$$

と表すことができる．同様の性質は標本分散でも成立する．

2.5.3　四分位範囲

範囲は簡単に求めることができるが，それだけに欠点もある．最大値と最小値のみを使っていることから，極端に大きな値や小さな値が計測値に含まれるとそれに影響されやすく，他の計測値を全く使わないので最大値，最小値以外のデータの情報が反映されない．このような欠

点を解消しようと考案されたのが，四分位範囲である．これはデータを小さい順に並べ，小さい方から4分の3番目のデータと4分の1番目のデータの差をとったものである．小さい方から4分の1番目のデータを**第1四分位数**，4分の3番目のデータを**第3四分位数**という．

定義2.13　**第1四分位数，第3四分位数，四分位範囲**

大きさ n のデータ $x_1, x_2, \ldots, x_n$ が与えられたとする．これらを小さい順に並べかえたものを $x_{(1)}, x_{(2)}, \ldots, x_{(n)}$ と表す．このとき，関数 y を以下のように定義する．

$$y(t) = \begin{cases} x_{(t)} & t \text{ が自然数のとき} \\ (\lceil t \rceil - t)x_{(\lfloor t \rfloor)} + (t - \lfloor t \rfloor)x_{(\lceil t \rceil)} & t \text{ が自然数でないのとき} \end{cases}$$

ここで，$\lceil a \rceil$ は天井関数と呼ばれる関数であり，実数 a 以上の最小の整数を表す（要するに切り上げ）．$t_1 = (n+3)/4$, $t_3 = (3n+1)/4$ とするとき，$Q_1 = y(t_1)$ を**第1四分位数**と呼び，$Q_3 = y(t_3)$ を**第3四分位数**と呼ぶ．第3四分位から第1四分位を引いた値 $IQR = Q_3 - Q_1$ を**四分位範囲**と呼ぶ．

◆　**例題2.13　四分位範囲**　◆

試験問題 A, B の得点をまとめた data2_2.csv を用いて，各試験問題の四分位範囲を統計ソフト R を用いて計算せよ．また，その結果から何がわかるか？

【解答】　R では四分位範囲を求める関数に IQR() がある．試験問題 A, B の得点の四分位範囲を求めるコマンドを次に示す．

```
data <- read.csv("data2_2.csv", header=T)
x    <- data$A
y    <- data$B
IQRx <- IQR(x)
IQRy <- IQR(y)
```

出力結果は，以下のようになる．

```
IQRx
 [1] 4.5
IQRy
 [1] 35
```

この結果から，試験問題 A の四分位範囲は $IQR = 4.5$，試験問題 B の四分位範囲は $IQR = 35$ であり，試験問題 B の四分位範囲が試験問題 A よりはるかに大きいことがわかる．この結果と図 2.5 を比べると，バラツキが大きいデータの四分位範囲が大きいことがわかる．　　　　　　　　□

2.6 2次元データと基本統計量

2.6.1 2次元データと散布図

表 2.5 は，大学生 10 名の身長と体重を調べた結果を表にまとめたものである．このように，各学生に対して身長と体重という 2 つの項目について値が観測されるデータを**2 次元データ**という．

表 **2.5** 大学生 10 名の身長と体重

身長 (x)	157	162	159	156	166	163	159	172	155
体重 (y)	45	52	46	47	45	48	47	62	40

定義 2.14 2次元データ

同一個体に対して 2 つの変数（例えば，各個人の身長と体重）について観測した結果

$$(x_1, y_1), (x_2, y_2), \ldots, (x_n, y_n)$$

を 2 次元データと呼ぶ．

2 次元データの集中具合や散らばり具合を，目視するには**散布図**が便利である．

◆ **例題 2.14** 散布図 ◆

表 2.5 のデータ (data2_7.csv) を統計ソフト R を用いて描きなさい．また，その結果から何がわかるか？

【解答】 以下のコードを実行すればよい．

```
data <- read.csv("data2_7.csv", header=T)
x    <- data$x
y    <- data$y
plot(x, y, xlab="身長", ylab="体重")
```

1 行目は，表 2.5 のデータが格納されている csv ファイル data2_7.csv を読み込んでいる．2 行目と 3 行目は，それぞれ，読み込んだデータから身長データを x へ，体重データを y へ格納している．4 行目の plot() 関数によって，身長が x 軸，体重が y 軸となるように散布図を作成している．

表 2.5 のデータを xy 平面に散布したものが，図 2.6 である．この図から，身長と体重に緩やかな比例関係があるように見受けられる． □

2.6.2 不偏標本共分散

1 次元データと同様に考え，変数 x に関する標本平均 $\bar{x} = \sum_{i=1}^{n} x_i/n$ および不偏標本分散 $s_{xx} = \sum_{i=1}^{n}(x_i - \bar{x})^2/(n-1)$，変数 y に関する標本平均 $\bar{y} = \sum_{i=1}^{n} y_i/n$ および不偏標本分

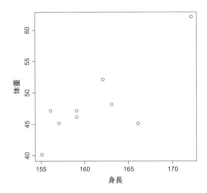

図 **2.6**　大学生 10 名の身長体重の散布図

散 $s_{yy} = \sum_{i=1}^{n}(y_i - \bar{y})^2/(n-1)$ を定義することができる．表 2.5 のデータでは，$\bar{x} = 161$, $s_{xx} = 59/2$, $\bar{y} = 48$, $s_{yy} = 75/2$ となる．次に，2 次元データ特有の要約統計量である**不偏標本共分散**について紹介する．不偏標本共分散の定義は以下で与えられる．

定義 2.15　不偏標本共分散

2 次元データ $(x_1, y_1), (x_2, y_2), \ldots, (x_n, y_n)$ について，

$$s_{xy} = \frac{1}{n-1} \sum_{i=1}^{n}(x_i - \bar{x})(y_i - \bar{y})$$

とする．s_{xy} を，変数 x と 変数 y の不偏標本共分散という．

◆　**例題 2.15**　不偏標本共分散　◆

表 2.5 のデータ (data2_7.csv) の不偏標本共分散を統計ソフト R を用いて計算せよ．

【解答】　R では不偏標本共分散を求める関数は cov() を利用する．表 2.5 のデータの不偏標本共分散を計算するコマンドを以下に示す．

```
data <- read.csv("data2_7.csv", header=T)
x    <- data$x
y    <- data$y
sxy  <- cov(x, y)
```

出力結果は，以下のようになる．

```
sxy
 [1] 26.75
```

よって，表 2.5 のデータの身長と体重の不偏標本共分散は $s_{xy} = 26.75$ である．　　□

表 2.6　データ A

x	$-\frac{2\sqrt{10}}{5}$	$-\frac{\sqrt{10}}{5}$	0	$\frac{\sqrt{10}}{5}$	$\frac{2\sqrt{10}}{5}$
y	$-\frac{2\sqrt{10}}{5}$	$-\frac{\sqrt{10}}{5}$	0	$\frac{\sqrt{10}}{5}$	$\frac{2\sqrt{10}}{5}$

表 2.7　データ B

x	1	-1	1	-1	0
y	-1	1	1	-1	0

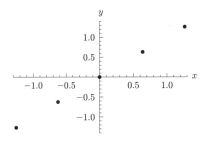

図 2.7　データ A の散布図　　　　図 2.8　データ B の散布図

　次に，不偏標本共分散の意味について考えてみる．上で与えられるデータ A（表 2.6）とデータ B（表 2.7）について考える．

　両データの標本平均は，ともに $\bar{x} = \bar{y} = 0$ であり，不偏標本分散は $s_{xx} = s_{yy} = 1$ となっている．しかしながら，両者には明らかな視覚的な違いがある．図 2.7 と図 2.8 はそれぞれ，データ A とデータ B の散布図を表している．データ A の散布図では，すべてのデータが第 1 象限と第 3 象限に集中しているのに対し，データ B の散布図では，データが各象限にまんべんなく散らばっている．データ A においては，$s_{xy} = 1.0$ となり，データ B においては，$s_{xy} = 0.0$ となる．このように，第 1 象限と第 3 象限（第 2 象限と第 4 象限）に多くのデータが存在すればするほど s_{xy} は大きい値（小さい値）をとり，各象限にまんべんなく散らばっている場合は s_{xy} は 0 に近い値をとることが期待される．このように，不偏標本共分散は 2 次元データの直線的な関係を表していることがわかる．

2.6.3　標本相関係数

　不偏標本共分散 s_{xy} は，データの関係を表す指標であると述べたが，単位の影響を受ける．一般に，不偏標本共分散の結果は，データの単位に依存してしまうため，相関関係の有無についてはわかるが，強弱については言及できない．例えば，大学生のデータは，x の単位は cm であるのに対し，y の単位が kg である．そこで，データを標準化[2]することで，データを無単位にし，不偏標本共分散を計算すればよい．元のデータを標準化したデータ

---

[2] 元のデータを，標本平均 0 かつ標本分散 1 にするように変換すること．定理 2.1 と定理 2.2 を参照．

$$u_1 = \frac{x_1 - \bar{x}}{\sqrt{s_{xx}}}, u_2 = \frac{x_2 - \bar{x}}{\sqrt{s_{xx}}}, \ldots, u_n = \frac{x_n - \bar{x}}{\sqrt{s_{xx}}},$$

$$v_1 = \frac{y_1 - \bar{y}}{\sqrt{s_{yy}}}, v_2 = \frac{y_2 - \bar{y}}{\sqrt{s_{yy}}}, \ldots, v_n = \frac{y_n - \bar{y}}{\sqrt{s_{yy}}}$$

の不偏標本共分散は

$$s_{uv} = \frac{1}{n-1} \sum_{i=1}^{n} (u_i - \bar{u})(v_i - \bar{v})$$

である.

　s_{uv} は，変数 x と変数 y の不偏標本共分散 s_{xy}，x の不偏標本標準偏差 $\sqrt{s_{xx}}$，および，y の不偏標本標準偏差 $\sqrt{s_{yy}}$ を用いて，$s_{uv} = s_{xy}/(\sqrt{s_{xx}}\sqrt{s_{yy}})$ と表すことができる．これを，x と y の**標本相関係数**と呼ぶ．以下において，標本相関係数の定義や性質をまとめておく．

定義 2.16 　標本相関係数

y の標本共分散 s_{xy}，x の 不偏標本標準偏差 $\sqrt{s_{xx}}$，および，y の不偏標本標準偏差 $\sqrt{s_{yy}}$ とする．このとき，

$$r_{xy} = \frac{s_{xy}}{\sqrt{s_{xx}}\sqrt{s_{yy}}}$$

を標本相関係数という．

標本相関係数の性質

標本相関係数は，以下のような性質を持つ．

- $|r_{xy}| \leq 1$（標本相関係数の絶対値は 1 以下である）
- $r_{xy} = r_{yx}$（x と y の相関係数と，y と x の相関係数は等しい）
- 元のデータに対して定数倍したり定数を足し引きするように変換したデータの標本相関係数の絶対値と，元のデータの標本相関係数の絶対値は等しい．

　標本相関係数は，x と y の変化の相互的な傾向を調べることができる．一方の変数が増加すれば他方が増加するとき，$r_{xy} > 0$ であり「正の相関がある」という．一方の変数が増加すれば他方が減少するとき，$r_{xy} < 0$ であり「負の相関がある」という．さらに，表 2.8 のように x と y の関連性の強弱について言及することができる．

◆ 例題 2.16 　標本相関係数 ◆

表 2.5 のデータ (data2_7.csv) の標本相関係数を統計ソフト R を用いて計算せよ．その結果をもとに標本相関係数の評価を与えよ．

表 2.8 標本相関係数の評価

標本相関係数の値	x と y の関連性の強弱
$0 \leq |r_{xy}| \leq 0.2$	ほとんど相関がない
$0.2 < |r_{xy}| \leq 0.4$	弱い（正 または 負の）相関がある
$0.4 < |r_{xy}| \leq 0.7$	やや強い（正 または 負の）相関がある
$0.7 < |r_{xy}| \leq 1$	強い（正 または 負の）相関がある

【解答】　R では標本相関係数を求める関数は cor() を利用する．表 2.5 のデータの標本相関係数を計算するコマンドを以下に示す．

```
data <- read.csv("data2_7.csv", header=T)
x    <- data$x
y    <- data$y
rxy  <- cor(x, y)
```

出力結果は，以下のようになる．

```
rxy
 [1] 0.8042612
```

よって，表 2.5 のデータの身長と体重の標本相関係数は $r_{xy} = 0.8042612$ であるため，強い正の相関がある．　　　　　　　　　□

演習問題

問題 2.1　量的データの間隔尺度と比尺度，質的データの名義尺度と順序尺度，それぞれに対応するデータの例を 1 つずつ挙げよ．

問題 2.2　同じ個体のマウスの体重を繰り返し測定したときのデータである．以下の問いに答えよ．

測定回数	1	2	3	4	5	6	7	8	9	10
マウス (kg)	0.5	0.4	0.8	0.6	0.5	0.4	0.6	0.4	0.5	0.3

(a)　上記の表のデータを csv ファイルにまとめて，R に読み込め．

(b)　マウスの標本平均を求めよ．

(c)　マウスの上位および下位 10% のデータを除いたトリム平均を求めよ．

(d)　マウスの不偏標本分散，不偏標本標準偏差を求めよ．

(e)　マウスのヒストグラムを描け．

(f)　マウスの中央値，第 1 四分位数，第 3 四分位数，範囲，四分位範囲を求めよ．

(g)　マウスの箱ひげ図を描け．

問題 **2.3**　以下のデータはあるクラスで試験 A と試験 B を行ったときの点数である．以下の問いに答えよ．

id	1	2	3	4	5	6	7	8	9	10	11	12	13	14	15	16	17	18	19	20
A	30	20	70	50	40	40	40	40	55	60	33	33	30	50	45	90	20	50	43	70
B	45	88	75	40	65	97	43	50	35	40	77	76	43	70	23	50	63	60	65	60

(a)　上記の表のデータを csv ファイルにまとめて，R に読み込め．

(b)　それぞれの試験の標本平均，不偏標本分散を求めよ．

(c)　試験 A と試験 B の不偏標本共分散と標本相関係数を求めよ．

(d)　試験 A と試験 B の散布図を描け．

問題 **2.4**　data2_3.csv, data2_7.csv のデータの散布図を描け．

問題 **2.5**　data2_5.csv のデータの箱ひげ図を描け．

問題 **2.6**　data2_2.csv のデータの散布図と箱ひげ図を描け．またその結果を用いて 2 つのクラスを比較せよ．

問題 **2.7**♣　データの組 (x_1, y_1), (x_2, y_2) の 2 つだけの場合の標本相関係数の値を求めよ．

問題 **2.8**♣　データ $x_1, \ldots, x_n$ に対して，$y_i = x_i - \bar{x}$ とする．このとき，$y_1, \ldots, y_n$ の標本平均を求めよ．

問題 **2.9**♣　観測対象 i $(i \in \{1, 2, \ldots, N\})$ から 1 組のデータ (x_i, y_i) が得られたとする．$z_i = ay_i + b$ $(a \neq 0)$ としたとき，以下が成り立つことを示せ．

(a)　$s_{xz} = as_{xy}$

(b)　$r_{xz} = \dfrac{a}{|a|} r_{xy}$

問題 **2.10**　問題 2.3 のデータに対して，試験 A と試験 B の点をそれぞれ標準化したときの不偏標本共分散と標本相関係数を求めよ．

第 3 章
確率の基本性質

　データ分析には様々な「でたらめさ」が付随する．確率を導入することで，我々は「でたらめさ」を数量化して扱うことができる．例えば，「明日晴れる確率は 0.7」のように，確率とは不確定な現象が起こる可能性もしくはその確からしさを 0 から 1 までの数値に表したものである．本章では，確率の基本性質を紹介し，ベイズの定理，条件付き確率，事象の独立性について紹介する．

3.1　確率

　本節では，確率を利用する際の用語や便利な性質について，コンパクトにまとめておく．
　まず，確率に関する専門用語について以下にまとめておく．

専門用語

確率で用いられる主な専門用語とその意味は以下の通りである．

(1) **試行**：結果が偶然に左右される行動．

(2) **標本点**：その試行で生じる個々の結果．ω（小文字のオメガ）を用いて表す．

(3) **全事象**：確率の対象とする全体．すべての標本点をまとめた事象．Ω（大文字のオメガ）という記号で表す．

(4) **事象**：全事象の部分集合．

(5) **根元事象**：標本点が 1 つの事象 $\{\omega\}$．

(6) **和事象**：事象 A と B の少なくとも 1 つに属する標本点の全体．$A \cup B$ で表す（図 3.1）．

(7) **積事象**：事象 A と B の両方に属する標本点の全体．$A \cap B$ で表す（図 3.1）．

(8) **余事象**：事象 A に属さない標本点の全体．A^c で表す（図 3.1）．

(9) **空事象**：標本点を 1 つも持たない事象．$\emptyset$（空事象と読む）で表す．

(10) **排反事象**：$A \cap B = \emptyset$ のとき A と B は排反事象という（図 3.1）．

和事象

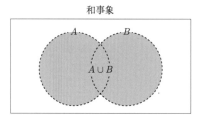

積事象

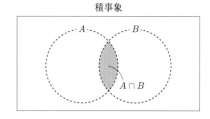

余事象

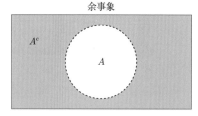

排反事象

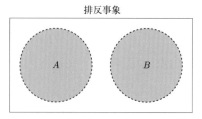

図 **3.1** 和事象, 積事象, 余事象, 排反事象のベン図

以下の例題を通して各専門用語を確認しよう.

◆ 例題 3.1 用語の確認 ◆

1つのサイコロを1回投げるという試行を行った. このとき, 標本点を出た目の数字で表すものとする. つまり, 各標本点を $1, 2, 3, 4, 5, 6$ と表す. また, 「偶数の目が出る」という事象を A, 「3以上の目が出る」という事象を B, 「奇数の目が出る」という事象を C と表す. このとき, 以下の問いに答えよ.

(1) 全事象は何か?

(2) A および B を求めよ.

(3) 根元事象を求めよ.

(4) $A \cup B$ を求めよ.

(5) $A \cap B$ を求めよ.

(6) A^c を求めよ.

(7) A と C は排反事象か?

【解答】

(1) $\Omega = \{1,\ 2,\ 3,\ 4,\ 5,\ 6\}$.

(2) A は「偶数の目が出る」という事象だから $A = \{2, 4, 6\}$. B は「3以上の目が出る」という事象だから, $B = \{3, 4, 5, 6\}$.

(3) $\{1\}, \{2\}, \{3\}, \{4\}, \{5\}, \{6\}$.

(4) $A \cup B$ は「偶数の目または3以上の目が出る」事象を意味するから, $A \cup B = \{2, 3, 4, 5, 6\}$.

(5) $A \cap B$ は「偶数の目かつ3以上の目が出る」事象を意味するから, $A \cap B = \{4, 6\}$.

(6) A の余事象は「偶数でない目 (奇数の目) が出る」事象を意味するから, $A^c = \{1, 3, 5\}$.

(7) $A \cap C$ は「偶数かつ奇数の目が出る」事象である. 偶数であって奇数である数字は存在しないため, $A \cap C$ は空事象である. ゆえに, A と C は排反事象.　□

次に，確率について考えよう．ある事象 A の起こりやすさを返してくれる関数が確率「$\Pr(A)$」である．例えば，例題 3.1 において $\Pr(A) = 1/2$ とは，偶数の出る確率が $1/2$ であることを表している．一般に，事象 A の起こる確率は「$\Pr(A)$」という記号を用いて表す．さらに，感覚的に当たり前のごとく使っている性質であるが，以下のような性質を持つものを確率と定義する．

定義 3.1　確率の基本性質

以下のような 3 つの基本性質を持つものを確率と定義する．

(1) 任意の事象 A について，$0 \leq \Pr(A) \leq 1$ が成り立つ．

(2) 全事象 Ω の生起する確率は $\Pr(\Omega) = 1$ であり，空事象 $\emptyset$ が生起する確率は $\Pr(\emptyset) = 0$ である．

(3) A と B が排反な事象 $(A \cap B = \emptyset)$ であるとき，$\Pr(A \cup B) = \Pr(A) + \Pr(B)$ が成り立つ．

定義 3.1 から導かれる便利な性質を定理 3.1 としてまとめておく．

定理 3.1　確率に関する便利な公式

確率は，以下のような性質を持つ．

(1) 事象 A と事象 B の関係が $A \subset B$ であれば，$\Pr(A) \leq \Pr(B)$ が成り立つ[1]．

(2) 事象 A と事象 B に対して，$\Pr(A \cup B) = \Pr(A) + \Pr(B) - \Pr(A \cap B)$ が成り立つ．

(3) n 個の事象 $A_1, A_2, \ldots, A_n$ に対して，$\Pr(\bigcup_{i=1}^{n} A_i) \leq \sum_{i=1}^{n} \Pr(A_i)$ が成り立つ[2]．

(4) 事象 A の余事象 A^c に対して，$\Pr(A^c) = 1 - \Pr(A)$ が成り立つ．

定理 3.2 のボンフェローニの不等式は応用上重要な不等式である．この不等式を定理 3.1 を使って示してみよう．

定理 3.2　ボンフェローニの不等式

n 個の事象 $A_1, A_2, \ldots, A_n$ に対して，

$$\Pr\left(\bigcap_{i=1}^{n} A_i\right) \geq \sum_{i=1}^{n} \Pr(A_i) - (n - 1)$$

が成り立つことを示せ．

---

[1] 事象 A が事象 B の部分集合であることを $A \subset B$ と表す．「事象 A が起こるとき事象 B も起こる」ということを意味する．つまり，$A \subset B$ ならば $A \cap B = A$ となる．

[2] n 個の事象 $A_1, A_2, \ldots, A_n$ について，すべての和事象を $\bigcup_{i=1}^{n} A_i$ と表す．同様にすべての積事象を $\bigcap_{i=1}^{n} A_i$ と表す．

【解答】 まず,定理 3.1(4) を使うと,

$$\Pr\left(\bigcap_{i=1}^{n} A_i\right) = 1 - \Pr\left\{\left(\bigcap_{i=1}^{n} A_i\right)^c\right\}$$

ド・モルガンの法則より,$(\bigcap_{i=1}^{n} A_i)^c = \bigcup_{i=1}^{n} A_i^c$ であることに注意すると,

$$\Pr\left(\bigcap_{i=1}^{n} A_i\right) = 1 - \Pr\left(\bigcup_{i=1}^{n} A_i^c\right)$$

この式の右辺の第 2 項へ定理 3.1(3) を使うと,

$$\Pr\left(\bigcap_{i=1}^{n} A_i\right) \geq 1 - \sum_{i=1}^{n} \Pr\left(A_i^c\right)$$

再び定理 3.1(4) を使うと $\Pr(A_i^c) = 1 - \Pr(A_i)$ であるから,

$$\Pr\left(\bigcap_{i=1}^{n} A_i\right) \geq 1 - \sum_{i=1}^{n} \Pr\left(A_i^c\right) = 1 - \sum_{i=1}^{n} \{1 - \Pr\left(A_i\right)\}$$

$$= 1 - n + \sum_{i=1}^{n} \Pr\left(A_i\right) = \sum_{i=1}^{n} \Pr\left(A_i\right) - (n-1)$$

となるから,ボンフェローニの不等式が示された. □

積事象の確率 $\Pr(\bigcap_{i=1}^{n} A_i)$ を直接的に評価できないが各 $\Pr(A_i)$ は評価可能な場合は,ボンフェローニの不等式を応用すれば,積事象の確率は少なくとも $\sum_{i=1}^{n} \Pr(A_i) - (n-1)$ 以上といった粗い評価を行うことができる.

3.2 条件付き確率と事象の独立

本節では,条件付き確率と事象の独立について紹介する.まず,条件付き確率の定義を以下にまとめておく.

定義 3.2 **条件付き確率**

事象 A と事象 B に対して,事象 A が与えられた下で事象 B が生起する条件付き確率を,

$$\Pr(B|A) = \frac{\Pr(A \cap B)}{\Pr(A)} \tag{3.1}$$

と定める.ただし,$\Pr(A) > 0$ とする.

簡単な例を用いて,定義 3.2 の意味についてもう少し考察しよう.あるクラスの 100 人の学生へ文化部所属か運動部所属かをアンケートした.そして,その結果を集計し,表 3.1 を得

た.

このクラスからランダムに1人を選ぶ試行を考える．いま，「選ばれた学生が男性であるという情報が与えられた場合，選ばれた学生が運動部に所属している確率」がいくつであるかを考えよう．まず，定義3.2の(3.1)を使って計算してみよう．事象を

$$A：選ばれた学生が男子である，\quad B：選ばれた学生が運動部である$$

とおく．「選ばれた学生が男性であるという情報が与えられた場合，選ばれた学生が運動部に所属している確率」は $\Pr(B|A)$ と表すことができる．表から，

$$\Pr(A) = \frac{50}{100} = \frac{1}{2}, \ \Pr(A \cap B) = \frac{30}{100} = \frac{3}{10}$$

と求まる．これらの結果を条件付き確率の定義へ当てはめることにより，

$$\Pr(B|A) = \frac{\Pr(A \cap B)}{\Pr(A)} = \frac{3/10}{1/2} = \frac{3}{5}$$

となる．

それでは，「選ばれた学生が男性である」という情報から確率を計算してみよう．表3.1の男子の行に絞ることで，

$$\frac{男子かつ運動部である人の人数}{男子の人数} = \frac{30}{50} = \frac{3}{5}$$

となるため，定義3.2の(3.1)を用いた計算結果と等しいことがわかる．なぜだろうか？　男子かつ運動部の人数は $\Pr(A \cap B) \times 100 = 30$，男子の人数は $\Pr(A) \times 100 = 50$ と記号を用いて表すことができる．このことから，

$$\frac{男子かつ運動部である人の人数}{男子の人数} = \frac{\Pr(A \cap B) \times 100}{\Pr(A) \times 100} = \frac{\Pr(A \cap B)}{\Pr(A)}$$

と変形できるため，確かに定義3.2の条件付き確率の定義と等しいことがわかる．与えられた情報を利用する確率計算から，条件付き確率 $\Pr(B|A)$ とは，「全事象を A（男子学生）だとみなしたとき B が起こる（運動部である）確率」と解釈できる（図3.2）．つまり，「選ばれた学生が男性である」という情報が与えられたことにより，基準が全事象 $\Omega = A \cup A^c$ から事象 $\Omega' = A$ になったものが条件付き確率といえる．

◆ 例題3.2　条件付き確率 ◆

1から3の目が赤色で塗られており，4から6の目は青色で塗られているサイコロがある．このサイコロを投げて青色の目が出たとき，この目が偶数である確率を求めよ．

表3.1　集計済みアンケート結果

	運動部	文化部	計
男子	30	20	50
女子	20	30	50
計	50	50	100

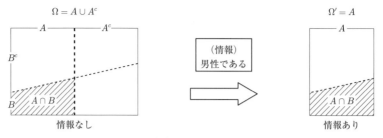

図 **3.2**　条件付き確率と標本空間

【解答】　事象を

$$A : 青色の目が出る, \; B : 偶数の目が出る$$

とおく. 青色の目は $4, 5, 6$, 青色の目で偶数の目は $4, 6$ である.

$$\Pr(A) = \frac{3}{6} = \frac{1}{2}, \; \Pr(A \cap B) = \frac{2}{6} = \frac{1}{3}$$

これらの結果を, 定義 3.2 の (3.1) へ当てはめることにより,

$$\Pr(B|A) = \frac{\Pr(A \cap B)}{\Pr(A)} = \frac{1/3}{1/2} = \frac{2}{3}$$

　次のように意味から直接求めることもできる. 青色の目が出るとは, $4, 5, 6$ のいずれかである. その中で偶数の目は 4 と 6 なので 2/3 となる. この計算では, 全事象を青色の目 $\{4, 5, 6\}$ とみなして計算している.　　　　　　　　　　　　　　　□

　条件付き確率に関係する事項として, 事象の独立性がある. 事象 A と事象 B について, $\Pr(A) > 0$ のとき,

$$\Pr(B|A) = \Pr(B)$$

を満たすとき, 2 つの事象 A と B は独立であるという. すなわち, 条件付き確率 $\Pr(B|A)$ は, 事象 A が生起したか否かに影響されないという意味である. 条件付き確率を使って定義すると $\Pr(A) = 0$ の場合が除外されるため, このような場合も扱うことのできる次のような定義を用いる.

定義 3.3　**事象の独立**

事象 A と事象 B について,

$$\Pr(A \cap B) = \Pr(A) \Pr(B)$$

が成り立つとき, 2 つの事象 A と B は独立であるという. 事象が 3 つ以上の場合も同様に定義できる.

$A_1, A_2, \ldots, A_n$ を n 個の事象とする．$A_1, A_2, \ldots, A_n$ の中からの任意の k 個の事象の組み合わせ $A_{i_1}, A_{i_2}, \ldots, A_{i_k}$ に対して，

$$\Pr\left(\bigcap_{j=1}^{k} A_{i_j}\right) = \Pr(A_{i_1}) \times \Pr(A_{i_2}) \times \cdots \times \Pr(A_{i_k})$$

が成り立つとき，$A_1, A_2, \ldots, A_n$ が互いに独立であるという．

◆ **例題 3.3　独立な事象** ◆

例えば，サイコロを 1 回投げたとき，各事象を

$$A : \text{出た目が偶数である}$$
$$B : \text{出た目が 3 の倍数である}$$
$$C : \text{出た目が 4 の倍数である}$$

とする．このとき，2 つの事象 A と B は独立であるか？　また，2 つの事象 A と C は独立であるか？

【解答】　$A \cap B$ は 6 の倍数であるという事象であるから，

$$\Pr(A) = \frac{1}{2}, \ \Pr(B) = \frac{1}{3}, \ \Pr(A \cap B) = \frac{1}{6}$$

となり，$\Pr(A \cap B) = \Pr(A)\Pr(B)$ が成立するため，2 つの事象 A と B は独立である．
　$A \cap C$ は 4 の倍数であるという事象であるから，

$$\Pr(A) = \frac{1}{2}, \ \Pr(C) = \frac{1}{6}, \ \Pr(A \cap C) = \frac{1}{6}$$

となり，$\Pr(A \cap C) \neq \Pr(A)\Pr(C)$ が成立するため，2 つの事象 A と C は独立でない．　　□

　例題 3.3 について，事象 A と B は一見独立でなさそうな気もするが次のように考えれば独立であるとうなずけるだろう．「出た目が 3 の倍数」（事象 B）という情報が与えられた場合，出た目は 3 または 6 に絞られるが，この情報は偶数かどうかの確率に影響を与えないだろう．

3.3　ベイズの定理

　応用上，$\Pr(A)$, $\Pr(B|A)$ および $\Pr(B|A^c)$ の結果から $\Pr(A|B)$ を計算する問題がしばしば重要となる．このような計算に利用されるのが，以下で与えられるベイズの定理である．

定理 3.3 ベイズの定理

事象 $A_1, A_2, \ldots, A_n$ は，任意の異なる整数 i と j について $A_i \cap A_j = \emptyset$ を満たす事象とする．このような事象 $A_1, A_2, \ldots, A_n$ は，互いに排反な事象と呼ばれる．さらに，$\bigcup_{i=1}^n A_i = \Omega$, $\Pr(A_i) > 0$ $(i = 1, 2, \ldots, n)$ と仮定する．このとき，$\Pr(B) > 0$ を満たす任意の事象 B に対して，

$$\Pr(A_i|B) = \frac{\Pr(A_i)\Pr(B|A_i)}{\sum_{j=1}^n \Pr(A_j)\Pr(B|A_j)}$$

が成り立つ．

定理の意味について考察しよう．図 3.3 は $k = 3$ の場合を表している．普通に考えると，原因 A_i から結果 B が起こるという流れになり，この「原因から結果を」生む確率が $\Pr(B|A_i)$ である（図 3.3 左）．ベイズの定理は，この確率と，「結果から原因を」探る原因の確率 $\Pr(A_i|B)$ を結び付けていると捉えることができる．また，$\Pr(A_i)$ を**事前確率**と呼び，事象 B の影響を考慮しない場合の確率を意味する．これに対して，事象 B が結果として与えられたとき，その原因事象が A_i である確率 $\Pr(A_i|B)$ を**事後確率**と呼ぶ（図 3.3 右）．ベイズの定理によって，図 3.3 のように事後確率 $\Pr(A_i|B)$ を事前確率 $\Pr(A_i)$ と $\Pr(B|A_i)$ を用いて求めることができる．

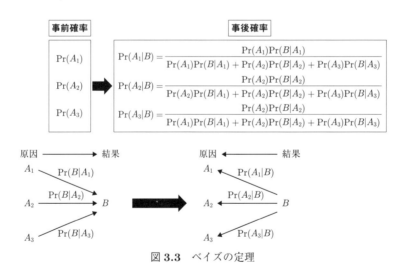

図 3.3 ベイズの定理

ベイズの定理の応用例として，スパムメールフィルターを紹介する．

◆ **例題 3.4 スパムメールフィルター** ◆

迷惑メール対策として，胡散臭そうな単語（無料，賞金，激アツ，放題など）のどれかがメールの本文に含まれていれば，そのメールを迷惑メールと判定するシステムを考える．

過去のデータから，「迷惑メールを受信したときこのシステムによって迷惑メールと判断する」確率は 0.8，「迷惑メールでないメールを受信したとき迷惑メールと判断される確率」は 0.05 であることがわかっているものとする．また，「迷惑メールを受信する確率」は 0.6 であるとする．このとき，「このシステムが判定した迷惑メールが実際に迷惑メールである確率」をベイズの定理によって求めよ．

【解答】 各事象を

$$A_1 : 迷惑メールを受信する，\quad A_2 : 迷惑メールでないメールを受信する$$

$$B : システムがメールを迷惑メールと判定する$$

とおくと，与えられた条件は

$$\Pr(A_1) = 0.6,\ \Pr(A_2) = 1 - 0.6 = 0.4,\ \Pr(B|A_1) = 0.8,\ \Pr(B|A_2) = 0.05$$

となる．ベイズの定理を適用すると，迷惑メールと判定されたメールが実際に迷惑メールである確率 $\Pr(A_1|B)$ は，

$$\Pr(A_1|B) = \frac{\Pr(A_1)\Pr(B|A_1)}{\Pr(A_1)\Pr(B|A_1) + \Pr(A_2)\Pr(B|A_2)} = \frac{0.6 \times 0.8}{0.6 \times 0.8 + 0.4 \times 0.05} = 0.96$$

と求まる． □

演習問題

問題 3.1 1 つのサイコロを振ったとき，全事象と奇数が出る事象をそれぞれ答えよ．また偶数が出る確率を答えよ．

問題 3.2 大小 2 つのサイコロを振ったとき，事象 A を「大きいサイコロの目が奇数」，事象 B を「小さいサイコロの目が奇数」，事象 C を「2 つのサイコロの目の和が奇数」とする．このとき，事象 A, B, C は互いに独立であるか答えよ．

問題 3.3 あるクラスには 30 人の生徒がいる．クラスの中のどの 2 人も誕生日が重ならない確率を求めよ．ただし 1 年は 365 日で，どの生徒の誕生日も，他の生徒と無関係に，365 日のうちからランダムに決まるものとする．

問題 3.4 3 人の子どものいる家庭を 1 つ，ランダムに選んだとき，「男の子は多くとも 1 人だけ」という事象を A，「男の子も女の子もいる」という事象を B とする．このとき，事象 A と B は互いに独立であるか答えよ．ただし，男女の出生は等しい確率で独立に生じるものとする．

問題 3.5 ある製品を作る機械が 3 台あり，それらを A, B, C とする．A, B, C はそれぞれ全体の 25%，15%，60% を生産する．また，作られた製品のうち，それぞれ 1.2%，4%，3.5% が不良品である．以下の問いに答えよ．

(a) 製品全体の中からランダムに 1 個取り出したとき，それが不良品である確率を求めよ．

(b) 製品全体の中からランダムに 1 個取り出した製品が不良品であったとき，この製品が機械

A で生産されたものである確率を求めよ.

問題 3.6 当たりが m 本,はずれが n 本あるくじを A さん,B さんの順で引くとする $(m+n \geq 2)$.「はじめに引く人(A さん)」と「後から引く人(B さん)」,どちらが有利であるかを説明せよ.ただし,引いたくじは戻さないものとする.

問題 3.7 ある疾病について,腫瘍がある患者の検査結果が陽性となる確率は 80%,腫瘍がない患者の検査結果が陰性となる確率は 90% で判定できる検査があるとする.1% の患者に腫瘍があるとわかっているとき,検査結果が陽性であればその患者に腫瘍がある確率を求めよ.

問題 3.8 定理 3.1 の (1)〜(4) を証明せよ.

問題 3.9 定理 3.3 を証明せよ.

問題 3.10 次の性質を証明せよ.

(a) 事象 $A_1, A_2, \ldots A_n$ が互いに排反ならば,

$$\mathrm{Pr}\left(\bigcup_{i=1}^{n} A_i\right) = \sum_{i=1}^{n} \mathrm{Pr}(A_i)$$

(b) A を事象,$\{D_1, \ldots, D_n\}$ を標本空間 Ω の分割とすると

$$\mathrm{Pr}\,(A) = \mathrm{Pr}(A \cap D_1) + \mathrm{Pr}(A \cap D_2) + \cdots + \mathrm{Pr}(A \cap D_n)$$

第4章

確率変数と確率分布

　ここでは，統計学の肝となる**確率分布**について紹介する．確率分布とは，データが生成されるプロセスの代わりとして利用される．つまり，統計学は「手持ちのデータを用いて，データ生成のプロセス（確率分布）を推測する方法を学ぶこと」と言えよう．確率分布とは何か，そして確率分布の扱いについて詳しく見ていこう．

4.1　確率変数

　確率変数とは，確率的に変化する値のことをいう．例えば，サイコロを投げて出る目を X とする．すると，X は $1, 2, 3, 4, 5, 6$ のいずれかであり，それぞれの目が出る確率は，

$$\Pr(X = x) = \frac{1}{6},\ x \in \{1, 2, \ldots, 6\}$$

である[1]ことから，サイコロを投げて出る目 X は確率変数である．ここで，$\Pr(X = x)$ とは，確率変数（つまりサイコロの出る目）X が，ある値（つまりサイコロのとりうる目のいずれか）x をとる確率を表す．また，$\Pr(a \leq X \leq b)$ における括弧の中は確率変数 X がとる値の範囲を表し，「確率変数 X が a 以上 b 以下の値をとること」を表す．例えば，身長が $150\,\mathrm{cm}$ 以上 $180\,\mathrm{cm}$ 以下である確率は，$\Pr(150 \leq X \leq 180)$ のように表す．

　確率変数は，とりうる値の範囲によって2種類に分類することができる．サイコロの例やコイン投げの例のように，数直線上のとびとびの値しかとらないような確率変数を**離散型確率変数**と呼ぶ．一方，重さや長さのように，数直線上のいかなる値もとるような確率変数を**連続型確率変数**と呼ぶ．

---

[1] x が集合 X の要素であるとき，x は集合 X に属するといい $x \in X$ と表す．

4.2 1つの確率変数の確率分布

前節で述べたように，コインを投げて表が出た場合は $X = 1$ を，裏が出た場合は $X = 0$ と決めれば，X は確率変数である．このとき，X は（コインを投げるたびに）0 または 1 をでたらめにとる変数であることがわかる．そして，もしコインに細工がないとすれば，これからこのコインを 1 回投げた場合に決まる X は，$X = 1$ となる確率が 0.5，$X = 0$ となる確率が 0.5 となるように値が決まる．この結果をまとめると，

$$\Pr(X = x) = \frac{1}{2}, \ x \in \{0, 1\}$$

と表すことができる．このような確率変数のとる値と確率をまとめたものを**確率分布**といい，確率変数 X はこの確率分布に従うという．つまり，確率変数 X のランダムな法則を表すのが確率分布といえる．

一般的には，確率変数 X のランダムな法則を表す関数として以下で定められる**分布関数**を用いることが多い．分布関数は，実数 x を変数として「確率変数 X が x 以下となる確率」を返す関数である．分布関数を構成する関数として，確率変数の種類に応じて**確率関数**（4.3節）や**密度関数**（4.4節）というものが定められる．

> **定義 4.1 分布関数**
>
> 確率変数 X がある値 x に対して，$X \leq x$ である確率 $\Pr(X \leq x)$ を，確率変数 X の**分布関数**という．これを $F_X(x)$ とすれば，次のように表せる．さらに，分布関数 $F_X(x)$ は，実数値を入力したら実数値を返す関数であり，次の (1)〜(3) の性質を持つ．
>
> (1) $F_X(-\infty) = 0, \ F_X(\infty) = 1$（有界）
>
> (2) $a \leq b$ ならば $F_X(a) \leq F_X(b)$（非減少）
>
> (3) $F_X(x) = \lim_{y \to x+0} F_X(y)$（右連続）

図 4.1 は，連続型と離散型のそれぞれに対する分布関数のイメージである．図 4.1 を見ながら，定義 4.1 の (1)〜(3) を確認しよう．

- 定義 4.1(1) における $F_X(-\infty) = 0$ は，確率変数 X がとる値がマイナス無限大となる確率（限りなく小さい値よりも X が小さくなる確率）は 0 であることを意味する．確率変数 X がマイナス無限大よりも小さくなるという事象は空事象に対応し，その確率は 0 であるから，図 4.1 の各グラフの左端の $F_X(x)$ の値を見ると $F_X(x) = 0$ となっていることがわかる．

- 定義 4.1(1) における $F_X(\infty) = 1$ は，確率変数 X がとる値が無限大以下となる確率（限

りなく大きい値よりも X が小さくなる確率）は 1 であることを意味する．この理由は，定義 3.1 で学んだように全事象の確率 $\Pr(\Omega)$ に $F_X(\infty)$ が対応しているためである．図 4.1 の各グラフの右端の $F_X(x)$ の値を見ると $F_X(x) = 1$ となっていることがわかる．

- 定義 4.1(2) は，分布関数が x が大きくなるにつれ $F_X(x)$ の値も必ず増加すること（正確には，減少しないこと）を意味している．これは，図 4.1 の各グラフが右肩上がりであることを意味している．

- 定義 4.1(3) は，不連続点において分布関数は，便宜上，右連続[2]とする約束である．図 4.1 の離散型の分布関数（右側のグラフ）ように不連続であってもよいが，必ず右連続となっている必要がある．

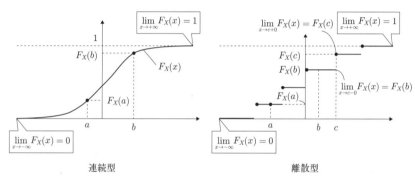

図 **4.1** 分布関数の図

4.3 確率関数

離散型確率変数の分布関数は，**確率関数**という関数を利用して分布関数を計算することができる．

定義 4.2 **確率関数**

確率変数 X が離散型であるとする．確率変数 X のとりうる値を $0, 1, 2, \ldots$[3]とするとき，確率変数 X が値 x をとる確率が $\Pr(X = x)$ であったとする．このように，X がとる値

---

[2] $\lim_{y \to x+0} F_X(y) = F_X(x)$ であるとき，$F_X(y)$ は $y = x$ で右連続という．つまり，y が点 x に右から近づいたとき，分布関数 $F_X(y)$ がとぎれることなく x までたどりつけるという意味である．同じように，$\lim_{y \to x-0} F_X(y) = F_X(x)$ であるとき，$F_X(y)$ は $y = x$ で左連続という．つまり，y が点 x に左から近づいたとき，分布関数 $F_X(y)$ がとぎれることなく x までたどりつけるという意味である．さらに，$y = x$ で $F_X(y)$ が右連続かつ左連続なとき，$F_X(y)$ は連続という．つまり，どちら側から近づいても，$y = x$ において $F_X(y)$ のグラフはつながっているときを意味する．そして，連続でない場合を，不連続という．

[3] 0 と自然数のすべてを意味する．場合によっては，$0, 1, 2, 3$ のようにその一部になることもある．

x のそれぞれに対して確率が定まるため，確率は関数の形 $p_X(x) = \Pr(X = x)$ で記述できる．この関数 $p_X(x)$ を確率変数 X の**確率関数**（または**確率質量関数**）という．また，$p_X(x)$ を用いると，X の分布関数 $F_X(x)$ は，任意の実数 x に対して，

$$F_X(x) = \sum_{t=0}^{\lfloor x \rfloor} p_X(t)$$

と表すことができ，$\sum_{t=0}^{\infty} p_X(t) = 1$ である．

さらに，ある範囲 $[a, b]$ に確率変数 X が存在する確率を以下のように計算することができる．

$$\Pr(a \leq X \leq b) = \sum_{a \leq t \leq b} p_X(t) = F_X(b) - F_X(a)$$

図 4.2 は，離散型の分布関数と確率関数のイメージである．

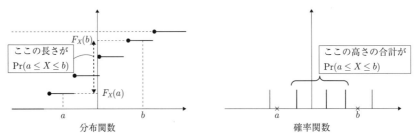

図 **4.2** 離散型確率変数の分布関数と確率関数

◆ **例題 4.1 コイン投げ** ◆

表が出る確率が p であるコインがある．初めて表が出るまでこのコインを投げたとき，裏が出た回数を確率変数 X とする．なお，X は離散型確率変数である．このとき，以下の問いに答えよ．

(1) X のとりうる値を求めよ．

(2) X の確率関数 $p_X(x)$ を求めよ．

(3) X の分布関数 $F_X(x)$ を求めよ．

(4) 確率関数 $p_X(x)$ と分布関数 $F_X(x)$ のグラフを作成せよ．

【解答】

(1) とりうる値は $0, 1, 2, \ldots$ である．

(2) 初めて表が出るまで，裏が x 回出続ける確率を考えればよい．この確率は，x 回連続で裏が出て

$x + 1$ 回目に初めて表が出る確率であるから，確率関数は

$$p_X(x) = \begin{cases} (1-p)^x p & x \in \{0, 1, \ldots\} \\ 0 & \text{その他} \end{cases}$$

となる．なお，このような確率分布は幾何分布といい，R では dgeom() を用いて確率関数の計算ができる．例えば $p = 0.2$ のとき $p_X(3)$ の値を計算したい場合は，以下のようになる．

```
dgeom(3, 0.2)
 [1] 0.1024
```

つまり，表が出る確率が 0.2 のとき，初めて表が出るまでに裏が 3 回出続ける確率は 10.24% である．

(3) $0 < x$ のとき，$F_X(x) = \sum_{y=0}^{\lfloor x \rfloor} (1-p)^y p$ である．ここで，

$$\sum_{y=0}^{\lfloor x \rfloor} (1-p)^y p = p + p(1-p) + \cdots + p(1-p)^{\lfloor x \rfloor}$$

$$(1-p) \sum_{y=0}^{\lfloor x \rfloor} (1-p)^y p = p(1-p) + \cdots + p(1-p)^{\lfloor x \rfloor} + p(1-p)^{\lfloor x \rfloor + 1}$$

である．この式の辺々の差をとると，

$$p \sum_{y=0}^{\lfloor x \rfloor} (1-p)^y p = p - p(1-p)^{\lfloor x \rfloor + 1}$$

を得る．よって，分布関数は

$$F_X(x) = \begin{cases} 1 - (1-p)^{\lfloor x \rfloor + 1} & x > 0 \\ 0 & \text{その他} \end{cases}$$

となる．なお，R では pgeom() を用いて分布関数の計算ができる．例えば $p = 0.2$ のとき $F_X(3)$ の値を計算したい場合は，以下のようになる．

```
pgeom(3, 0.2)
 [1] 0.5904
```

つまり，表が出る確率が 0.2 のとき，初めて表が出るまでに裏が出続ける回数が 3 回以下である確率は 59.04% である．

(4) 図 4.3 では，左側に確率関数 $p_X(x)$，右側に分布関数 $F_X(x)$ が描かれている．図 4.3 より，$0 \leq p_X(x) \leq 1$ で離散点以外の値は 0，分布関数は階段状であることが確認でき，不連続であるが右連続であることも確認できる．図 4.3 を作成するためには，以下のようなコマンドを実行する．

```
x    <- 1:22
Px   <- dgeom(x-1, 0.2)
Fx   <- c(0, cumsum(Px))
Fxx  <- stepfun(x, Fx, f=0)
```

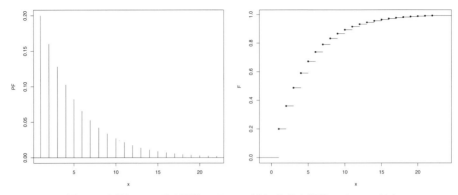

図 **4.3** 例題 4.1 の確率関数のグラフ（左）と分布関数のグラフ（右）

```
par(mfrow=c(1,2))
plot(x, Px, type="h", xlab="x", ylab="PF", ylim=c(0,0.2))
abline(h=0)
plot.stepfun(Fxx, xlab="x", ylab="F", verticals=F, do.points=T,
             main="", pch=20)
```

4 行目まではグラフを描くための下準備である．x <- 1:22 はデータフレーム 1, 2, . . . , 22 が対応し x の範囲をどこまで指定するかで変更してもよい．3 行目は確率関数をベクトル化した Px から分布関数をベクトル化したものを作成し，Fx へ格納している．最後の 2 行は階段関数を作成する関数 stepfun() を導入することにより，離散型に特有の分布関数を描画することが可能となる．plot.stepfun() において 2 点だけ注意しておく．引数 verticals は F にすることで分布関数の不連続点がつながって表示されないようにする．また，do.points は T にすることでグラフに黒丸が反映される．□

4.4 密度関数

　離散型確率変数と異なり，連続型確率変数はある数直線上のありとあらゆる値をとる．そのため，連続型確率変数の分布関数を計算する場合は，確率関数の代わりに**密度関数**（**確率密度関数**ともいう）が導入される．ここで，「密度」とは，データの密集の度合いと思えばよい．連続型のデータの不確定な振る舞いは，確率関数でなく密度というもので表される．数直線上で，データが観測されやすい部分は密度が高いといい，データが観測されにくいところは密度が低いという．例えば，ある男子大学生 30 人の身長 (cm)

　　　161.9, 171.3, 171.0, 170.0, 162.3, 158.6, 168.2, 167.9, 170.4, 174.5,

　　　166.9, 170.7, 169.3, 165.7, 170.1, 172.5, 168.6, 173.6, 167.7, 171.3,

　　　177.3, 168.9, 167.3, 170.3, 170.4, 179.5, 174.1, 173.0, 167.4, 181.6

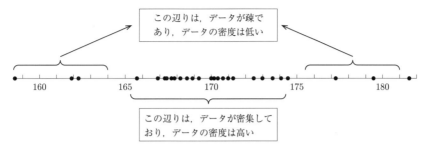

図 **4.4** ある男子大学生 30 人の身長 (cm) を数直線上へプロットした図.

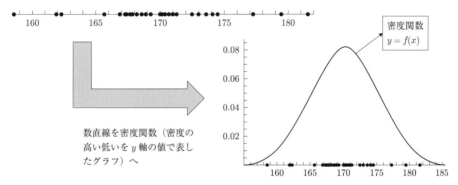

図 **4.5** 右のグラフは密度関数の y 軸の値は密度を表している. 密度関数は,「データの密度が高い = 山が高い (関数の y 軸の値が大)」,「データの密度が低い = 山が低くい (関数の y 軸の値が小)」と解釈する.

を数直線上に表すと,図 4.4 のようになる.そして,図 4.5 の右のグラフのようなデータの密度の様子を関数で表したものを密度関数と呼ぶ.

　データが例に挙げた身長のように連続値をとるものは,連続型確率変数と呼ばれ,ある密度関数から生成されたと考える.ここまで,密度関数の解釈について述べてきたが,以下では数学的な性質についてまとめておく.

定義 4.3　密度関数

確率変数 X が連続型であるとし,X の分布関数を $F_X(x)$ とする.実数上の関数 $f_X(x)$ で任意の x に対して,

$$\int_{-\infty}^{\infty} f_X(t)dt = 1, \quad F_X(x) = \int_{-\infty}^{x} f_X(t)dt$$

をみたすものが存在するとき,$f_X(x) \geq 0$ を X の**密度関数**という.

　さらに,ある範囲 $[a, b]$ に確率変数 X が存在する確率を以下のように計算することができる.

$$\Pr(a \leq X \leq b) = \int_a^b f_X(t)dt = F_X(b) - F_X(a)$$

図 4.6 は，連続型の分布関数と確率関数のイメージである．

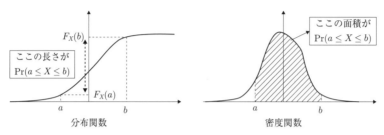

図 4.6 連続型の分布関数と確率関数

◆ **例題 4.2　一様分布** ◆

X の密度関数が，適当な c を使って，

$$f_X(x) = \begin{cases} c & -10 \leq x \leq 10 \\ 0 & \text{その他} \end{cases}$$

であったとする．なお，この分布は $[-10, 10]$ 上の**一様分布**と呼ばれる分布である．このとき，以下の問いに答えよ．

(1) 適当な c を定めて，X の確率関数 $p_X(x)$ を求めよ．

(2) X の分布関数 $F_X(x)$ を求めよ．

(3) R を利用して (1) と (2) のグラフを描きなさい．

【解答】

(1) 定義 4.3 より $\int_{-10}^{10} c\, dx = 1$ を満たす．$\int_{-10}^{10} c\, dx$ は底辺の長さが $10 - (-10) = 20$ で高さが c の長方形の面積に等しいから，$20c = 1$，ゆえに $c = 1/20$．以上より，密度関数は

$$f_X(x) = \begin{cases} \dfrac{1}{20} & -10 \leq x \leq 10 \\ 0 & \text{その他} \end{cases}$$

である．

(2) $x < -10$ のとき $F_X(x) = 0$．$-10 \leq x \leq 10$ のとき $F_X(x) = \int_{-10}^{x}(1/20)dx$ である．$\int_{-10}^{x}(1/20)dx$ は底辺の長さが $x - (-10) = x + 10$ で高さが $1/20$ の長方形の面積に等しいから，$F_X(x) = (x+10)/20$ である．$x > 10$ のとき $F_X(x) = 0$ である．以上より，分布関数は

$$F_X(x) = \begin{cases} 0 & x < -10 \text{ のとき} \\ \dfrac{x+10}{20} & -10 \le x \le 10 \text{ のとき} \\ 1 & x > 10 \text{ のとき} \end{cases}$$

である.

(3) 一様分布なので，密度関数には dunif() を用いて，分布関数には punif() を用いることにより，図 4.7 を得ることができる.

```
par(mfrow=c(1,2))
curve(dunif(x, min=-10, max=10), from=-20, to=20) # 密度関数
curve(punif(x, min=-10, max=10), from=-20, to=20) # 分布関数
```

関数 dunif() は，min から max 上の一様分布の密度関数を与える．関数 punif() は，min から max 上の一様分布の分布関数を与える．問題にあわせて，引数 min に -10 を設定し，引数 max に 10 を設定している．さらに，関数 curve() を用いれば，関数を直接指定してグラフを出力することができる．関数 curve() における引数 from は x の下限値（デフォルトは 0）であり，引数 to は x の上限値（デフォルトは 1）である．なお，図 4.7（左）は，下限値を -20，上限値を 20 とした $f_X(x)$ のグラフを，図 4.7（右）は，下限値を -20，上限値を 20 とした $F_X(x)$ のグラフを作成している．グラフより，x が -10 以下のときの確率は 0，x が 0 以下になるときの確率は 50% である． □

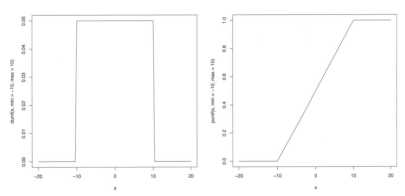

図 **4.7** 例題 4.2 の密度関数のグラフ（左）と分布関数のグラフ（右）

連続型確率変数の確率に関する注意を以下にまとめておく.

定理 4.1 **連続型確率変数の確率に関する注意**

X が連続型確率変数ならば，以下の性質が成り立つ.

- a, b をある実定数とするとき，

$$\Pr(a \le X \le b) = \Pr(a \le X < b) = \Pr(a < X \le b) = \Pr(a < X < b),$$

$$\Pr(a \le X) = \Pr(a < X), \quad \Pr(X \le b) = \Pr(X < b)$$

が成り立つ. つまり, X が連続型確率変数ならば等号を含むか否かについては考えなくてよく,「<」を「$\le$」に, または,「>」を「$\ge$」に置き換えても確率は変化しない.

- 同じことであるが, 連続型確率変数 X の 1 点をとる確率は 0 である. 式で書くと, 任意の点 a について,

$$\Pr(X = a) = 0$$

が成り立つ.

最後に, 確率関数と密度関数の性質を表 4.1 にまとめておく.

表 **4.1** 確率関数 (定義域は 0 以上の整数) と密度関数 (定義域は実数全体) の性質[4]

	確率関数	密度関数
定義域	$0, 1, 2, \ldots$ (点の集合)	実数全体
値域	$0 \le p_X(x) \le 1$	$0 \le f_X(x)$
$\Pr(x_1 \le X \le x_2)$	$\sum_{x=\lceil x_1 \rceil}^{\lfloor x_2 \rfloor} f_X(x)$	$\int_{x_1}^{x_2} f_X(x)dx$
$F_X(\infty)$	1	1
$F_X(x)$ との関係	$p_X(x) = F_X(x) - F_X(x-1)$	$\frac{d}{dx}F_X(x) = f_X(x)$
ある点 a をとる確率	$\Pr(X = a) = p_X(a)$	$\Pr(X = a) = 0$

4.5 複数の確率変数の確率分布

定義 4.1 から定義 4.3 においては 1 つの確率変数 X のみの場合を考えたが, 実際のデータは複数個のデータを扱わなければならない. なぜならば, 統計学では, 観測データ x_1, x_2, $\ldots$, x_n を「データの種類によって特定される確率関数 (または密度関数) に従う確率変数の組 X_1, X_2, $\ldots$, X_n の実測値」(これを**実現値**という) とみなし分析を行うからだ. そこで, 複数個の確率変数 $X_1, X_2, \ldots, X_n$ の確率分布の基本的な定義を紹介する.

まず, n 個の確率変数に対する分布関数は**同時分布関数**と呼ばれる. n 個の確率変数 X_1, X_2, $\ldots$, X_n の同時分布関数とは, 確率変数の組 X_1, X_2, $\ldots$, X_n に確率を対応させる関数のことである.

---

[4]ただし, X が離散型の場合は $x < 0$ のとき $F_X(x) = 0$ とする.

定義 4.4 同時分布関数

確率変数の組 $X_1, X_2, \ldots, X_n$ に対して，n 個の変数を持つ関数

$$F_{X_1 X_2 \cdots X_n}(x_1, x_2, \ldots, x_n) = \Pr(X_1 \leq x_1, X_2 \leq x_2, \ldots, X_n \leq x_n)$$

を $X_1, X_2, \ldots, X_n$ の同時分布関数という．

さらに，同時分布関数は，n 個の実数値の組に対して 0 以上 1 以下の 1 つの実数値を返す関数であり，次の性質を持つ．

同時分布関数の性質

(1) $x_1, x_2, \ldots, x_n$ の中のある変数 x_i について，次が成り立つ．

$$\lim_{x_i \to -\infty} F_{X_1 X_2 \cdots X_n}(x_1, x_2, \ldots, x_n) = 0$$

また，次が成り立つ．

$$\lim_{x_1 \to \infty} \lim_{x_2 \to \infty} \cdots \lim_{x_n \to \infty} F_{X_1 X_2 \cdots X_n}(x_1, x_2, \ldots, x_n) = 1$$

(2) 変数 $x_{1,1}, x_{2,1}, \ldots, x_{n,1}$ および $x_{1,2}, x_{2,2}, \ldots, x_{n,2}$ に対して，$x_{1,1} \leq x_{1,2}$, $x_{2,1} \leq x_{2,2}$, $\ldots, x_{n,1} \leq x_{n,2}$ ならば，次が成り立つ．

$$F_{X_1 X_2 \cdots X_n}(x_{1,1}, x_{2,1}, \ldots, x_{n,1}) \leq F_{X_1 X_2 \cdots X_n}(x_{1,2}, x_{2,2}, \ldots, x_{n,2})$$

(3) 以下の性質が成り立つ．

$$\lim_{y_1 \to x_1+0} \lim_{y_2 \to x_2+0} \cdots \lim_{y_n \to x_n+0} F_{X_1 X_2 \cdots X_n}(y_1, y_2, \ldots, y_n) = F_{X_1 X_2 \cdots X_n}(x_1, x_2, \ldots, x_n)$$

同時分布関数を構成する関数として，確率変数の種類に応じて同時確率関数や同時密度関数というものが定められる．

定義 4.5 同時確率関数と同時密度関数

$X_1, X_2, \ldots, X_n$ の同時確率関数を $F_{X_1 X_2 \cdots X_n}(x_1, x_2, \ldots, x_n)$ とする．分布関数は，確率変数の種類に応じて，(1) または (2) のように表すことができる．

(1) $X_1, X_2, \ldots, X_n$ をそれぞれの変数 X_i のとりうる値が $0, 1, \ldots$ である離散型確率変数の組とする．このとき，任意の変数の組 $x_1, x_2, \ldots, x_n$ に対して

$$p_{X_1 X_2 \cdots X_n}(x_1, x_2, \ldots, x_n) = \Pr(X_1 = x_1, X_2 = x_2, \ldots, X_n = x_n)$$

を $X_1, X_2, \ldots, X_n$ の同時確率関数という．さらに，同時確率関数を使うと，

$$F_{X_1 X_2 \cdots X_n}(x_1, x_2, \ldots, x_n) = \sum_{y_1=0}^{\lfloor x_1 \rfloor} \sum_{y_2=0}^{\lfloor x_2 \rfloor} \cdots \sum_{y_n=0}^{\lfloor x_n \rfloor} p_{X_1 X_2 \cdots X_n}(y_1, y_2, \ldots, y_n)$$

と表すことができる.

(2) $X_1, X_2, \ldots, X_n$ をそれぞれの変数 X_i のとりうる値が実数全体である連続型確率変数の組とする. 任意の変数の組 $x_1, x_2, \ldots, x_n$ に対して,

$$\int_{-\infty}^{\infty} \int_{-\infty}^{\infty} \cdots \int_{-\infty}^{\infty} f_{X_1 X_2 \cdots X_n}(x_1, x_2, \ldots, x_n) dx_1 dx_2 \cdots dx_n = 1,$$

$$F_{X_1 X_2 \cdots X_n}(x_1, x_2, \ldots, x_n) = \int_{-\infty}^{x_1} \int_{-\infty}^{x_2} \cdots \int_{-\infty}^{x_n} f_{X_1 X_2 \cdots X_n}(x_1, x_2, \ldots, x_n) dx_1 dx_2 \cdots dx_n$$

を満たす n 変数関数 $f_{X_1 X_2 \cdots X_n}(x_1, x_2, \ldots, x_n) \geq 0$ が存在すれば, これを $X_1, X_2, \ldots, X_n$ の同時密度関数という.

◆ **例題 4.3 サイコロ** ◆

公正なサイコロを 2 回投げたとき, 1 回目に出た目の数を確率変数 X_1 とし, 2 回目に出た目の数を確率変数 X_2 とする. なお, X_1 と X_2 は離散型確率変数である. このとき, 以下の問いに答えよ.

(1) (X_1, X_2) の同時確率関数 $p_{X_1 X_2}(x_1, x_2)$ を求めよ.

(2) (X_1, X_2) の同時分布関数 $F_{X_1 X_2}(x_1, x_2)$ を求めよ.

【解答】

(1) 1 回目に出た目が $x_1 \in \{1, 2, \ldots, 6\}$, 2 回目に出た目が $x_2 \in \{1, 2, \ldots, 6\}$ である確率は $\Pr(X_1 = x_1, X_2 = x_2) = 1/36$ である. したがって, 同時確率関数は

$$p_X(x) = \begin{cases} \dfrac{1}{36} & x_1 \in \{1, 2, \ldots, 6\}, \ x_2 \in \{1, 2, \ldots, 6\} \\ 0 & \text{その他} \end{cases}$$

である (図 4.8 左). このような確率関数を持つ分布は**離散型一様分布**と呼ばれる.

(2) $1 \leq x_1 \leq 6$ かつ $1 \leq x_2 \leq 6$ のとき, $F_{X_1 X_2}(x_1, x_2) = \sum_{y_1=1}^{\lfloor x_1 \rfloor} \sum_{y_2=1}^{\lfloor x_2 \rfloor} 1/36 = \lfloor x_1 \rfloor \lfloor x_2 \rfloor / 36$ である. $x_1 > 6$ かつ $1 \leq x_2 \leq 6$ のとき, $F_{X_1 X_2}(x_1, x_2) = \lfloor x_2 \rfloor / 6$ である. $1 \leq x_1 \leq 6$ かつ $x_2 > 6$ のとき, $F_{X_1 X_2}(x_1, x_2) = \lfloor x_1 \rfloor / 6$ である. $x_1 > 6$ かつ $x_2 > 6$ のとき, $F_{X_1 X_2}(x_1, x_2) = 1$ である. その他は $F_{X_1 X_2}(x_1, x_2) = 0$ である. 以上をまとめると, 同時分布関数は

$$F_X(x) = \begin{cases} \dfrac{\min(\lfloor x_1 \rfloor, 6) \times \min(\lfloor x_2 \rfloor, 6)}{36} & x_1 \geq 1, x_2 \geq 1 \\ 0 & \text{その他} \end{cases}$$

である (図 4.8 右). □

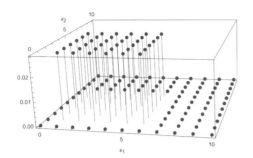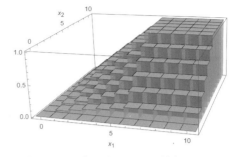

図 4.8 例題 4.3 の同時確率関数のグラフ（左）と同時分布関数のグラフ（右）

定義 4.4, 定義 4.5 では n 個の確率変数 X_1, X_2, ..., X_n のランダムな振る舞いを考えたが，n 個の確率変数のうちの一部の変数を扱いたい場合もしばしばある．その際に，利用する道具が以下で与えられる周辺分布である．

定義 4.6 周辺分布

確率変数の種類に応じて，周辺分布は以下の (1) と (2) で定義される[5]．

(1) 離散型：X_1, X_2, ..., X_k $(k \leq n)$ について，

$$p_{X_1 X_2 \cdots X_k}(x_1, x_2, \ldots, x_k) = \sum_{x_{k+1}=0}^{\infty} \cdots \sum_{x_n=0}^{\infty} p_{X_1 X_2 \cdots X_n}(x_1, x_2, \ldots, x_n)$$

を X_1, X_2, ..., X_k の**周辺確率関数**という．特に X_j $(1 \leq j \leq n)$ の確率関数は，

$$p_{X_j}(x_j) = \sum_{x_1=0}^{\infty} \cdots \sum_{x_{j-1}=0}^{\infty} \sum_{x_{j+1}=0}^{\infty} \cdots \sum_{x_n=0}^{\infty} p_{X_1 X_2 \cdots X_n}(x_1, x_2, \ldots, x_n)$$

と表すことができ，X_j の**周辺確率関数**とも呼ばれる．

(2) 連続型：X_1, X_2, ..., X_k $(k \leq n)$ について，

$$f_{X_1 X_2 \cdots X_k}(x_1, x_2, \ldots, x_k) = \int_{-\infty}^{\infty} \cdots \int_{-\infty}^{\infty} f_{X_1 X_2 \cdots X_n}(x_1, x_2, \ldots, x_n) dx_{k+1} dx_{k+2} \cdots dx_n$$

を X_1, X_2, ..., X_k の**周辺密度関数**という．特に X_j の密度関数は，

$$f_{X_j}(x_j) = \int_{-\infty}^{\infty} \cdots \int_{-\infty}^{\infty} f_{X_1 X_2 \cdots X_n}(x_1, x_2, \ldots, x_n) dx_1 \cdots dx_{j-1} dx_{j+1} \cdots dx_n$$

と表すことができ，X_j の**周辺密度関数**とも呼ばれる．

---

[5] 離散型確率変数 $X_1, X_2, \ldots, X_n$ の同時確率関数を $p_{X_1 X_2 \cdots X_n}(x_1, x_2, \ldots, x_n)$ とし，連続型確率変数 $X_1, X_2, \ldots, X_n$ の同時確率密度関数を $f_{X_1 X_2 \cdots X_n}(x_1, x_2, \ldots, x_n)$ とする．定義 4.7, 定義 4.8 などでも同様である．

第3章で学んだ条件付き確率に関連する確率変数における条件付き分布は以下のように与えられる.

定義 4.7　条件付き分布

確率変数の種類に応じて，条件付き分布は以下の (1) と (2) で定義される.

(1) 離散型：$X_1 = x_1, X_2 = x_2, \ldots, X_k = x_k \ (k \leq n)$ という条件の下で $X_{k+1}, X_{k+2}, \ldots, X_n$ の条件付き確率関数は，

$$p_{X_{k+1}\cdots X_n | X_1 \cdots X_k}(x_{k+1}, \ldots, x_n | x_1, \ldots, x_k) = \frac{p_{X_1 \cdots X_n}(x_1, x_2, \ldots, x_n)}{p_{X_1 \cdots X_k}(x_1, x_2, \ldots, x_k)}$$

で定義される. ただし，$X_1, X_2, \ldots, X_k$ の周辺確率関数 $p_{X_1 \cdots X_k}$ は定義 4.6(1) で与えられたものとする.

(2) 連続型：$X_1 = x_1, X_2 = x_2, \ldots, X_k = x_k \ (k \leq n)$ という条件の下で $X_{k+1}, X_{k+2}, \ldots, X_n$ の条件付き密度関数は，

$$f_{X_{k+1}\cdots X_n | X_1 \cdots X_k}(x_{k+1}, \ldots, x_n | x_1, \ldots, x_k) = \frac{f_{X_1 \cdots X_n}(x_1, x_2, \ldots, x_n)}{f_{X_1 \cdots X_k}(x_1, x_2, \ldots, x_k)}$$

で定義される. ただし，$X_1, X_2, \ldots, X_k$ の周辺密度関数 $f_{X_1 \cdots X_k}$ は定義 4.6(2) で与えられたものとする.

事象間の独立と同様に，条件付き分布を使って確率変数 $X_1, X_2, \ldots, X_k$ と 確率変数 $X_{k+1}, X_{k+2}, \ldots, X_n$ の独立を定義することができる. 具体的に言うと，$X_1 = x_1, X_2 = x_2, \ldots, X_k = x_k \ (k \leq n)$ という条件の下で $X_{k+1}, X_{k+2}, \ldots, X_n$ の条件付き確率（密度）関数が $X_{k+1}, X_{k+2}, \ldots, X_n$ の周辺確率（密度）関数と等しい場合に，確率変数 $X_1, X_2, \ldots, X_k$ と確率変数 $X_{k+1}, X_{k+2}, \ldots, X_n$ が独立であると定める. すなわち，$X_{k+1}, X_{k+2}, \ldots, X_n$ の条件付き確率（密度）関数は，$X_1, X_2, \ldots, X_k$ が観測済みか否かに影響されないという意味である. より，簡便な独立の定義として，以下を用いると便利である.

定義 4.8　確率変数の独立

確率変数の種類に応じて，以下の (1) と (2) で定義される.

(1) 離散型：任意の $x_1, x_2, \ldots, x_n$ に対して，

$$p_{X_1 X_2 \cdots X_n}(x_1, x_2, \ldots, x_n) = p_{X_1 X_2 \cdots X_k}(x_1, x_2, \ldots, x_k) p_{X_{k+1} X_{k+2} \cdots X_n}(x_{k+1}, x_{k+2}, \ldots, x_n)$$

が成り立つとき，確率変数の組 $X_1, X_2, \ldots, X_k$ と確率変数の組 $X_{k+1}, X_{k+2}, \ldots, X_n$ は独立という. また，任意の $x_1, x_2, \ldots, x_n$ に対して，

$$p_{X_1 X_2 \cdots X_n}(x_1, x_2, \ldots, x_n) = p_{X_1}(x_1) p_{X_2}(x_2) \cdots p_{X_n}(x_n)$$

が成り立つとき，確率変数 $X_1, X_2, \ldots, X_n$ は互いに独立であるという．

(2) 連続型：任意の $x_1, x_2, \ldots, x_n$ に対して，

$$f_{X_1 X_2 \cdots X_n}(x_1, x_2, \ldots, x_n) = f_{X_1 X_2 \cdots X_k}(x_1, x_2, \ldots, x_k) f_{X_{k+1} X_{k+2} \cdots X_n}(x_{k+1}, x_{k+2}, \ldots, x_n)$$

が成り立つとき，確率変数の組 $X_1, X_2, \ldots, X_k$ と確率変数の組 $X_{k+1}, X_{k+2}, \ldots, X_n$ は独立という．また，任意の $x_1, x_2, \ldots, x_n$ に対して，

$$f_{X_1 X_2 \cdots X_n}(x_1, x_2, \ldots, x_n) = f_{X_1}(x_1) f_{X_2}(x_2) \cdots f_{X_n}(x_n)$$

が成り立つとき，確率変数 $X_1, X_2, \ldots, X_n$ は互いに独立であるという．

◆ 例題4.4 続サイコロ ◆

公正なサイコロを2回投げたとき，1回目に出た目の数を確率変数 X_1 とし，2回目に出た目の数を確率変数 X_2 とする．なお，X_1 と X_2 は離散型確率変数である．このとき，以下の問いに答えよ．

(1) X_1 の周辺確率関数 $p_{X_1}(x_1)$ を求めよ．

(2) X_2 の周辺確率関数 $p_{X_2}(x_2)$ を求めよ．

(3) $X_2 = x_2$ という条件の下で X_1 の条件付き確率関数 $p_{X_1 | X_2}(x_1)$ を求めよ．

(4) X_1 と X_2 は独立か？

【解答】

(1) 例題 4.3(1) より，

$$p_{X_1 X_2}(x_1, x_2) = \begin{cases} \dfrac{1}{36} & x_1 \in \{1, 2, \ldots, 6\}, \ x_2 \in \{1, 2, \ldots, 6\} \\ 0 & \text{その他} \end{cases}$$

である．$x_1 \in \{1, 2, \ldots, 6\}$ に対して，$p_{X_1}(x_1) = \sum_{x_2=1}^{6} 1/36 = 1/6$ となり，その他の x_1 に対しては，$p_{X_1}(x_1) = 0$ である．つまり，次が成り立つ．

$$p_{X_1}(x_1) = \begin{cases} \dfrac{1}{6} & x_1 \in \{1, 2, \ldots, 6\} \\ 0 & \text{その他} \end{cases}$$

(2) (1) と同様にすれば，次が成り立つ．

$$p_{X_2}(x_2) = \begin{cases} \dfrac{1}{6} & x_2 \in \{1, 2, \ldots, 6\} \\ 0 & \text{その他} \end{cases}$$

(3) $x_1 \in \{1, 2, \ldots, 6\}$ かつ $x_2 \in \{1, 2, \ldots, 6\}$ に対して，$p_{X_1|X_2}(x_1) = p_{X_1X_2}(x_1, x_2)/p_{X_2}(x_2) = (1/36)/(1/6) = 1/6$ となり，その他の (x_1, x_2) に対しては，$p_{X_1|X_2}(x_1) = 0$ となる．以上より，次が成り立つ．

$$p_{X_1|X_2}(x_1) = \begin{cases} \dfrac{1}{6} & x_1 \in \{1, 2, \ldots, 6\} \\ 0 & \text{その他} \end{cases}$$

(4) (1) と (2) より，すべての x_1, x_2 について $p_{X_1X_2}(x_1, x_2) = p_{X_1}(x_1)p_{X_2}(x_2)$ であるから，X_1 と X_2 は独立である． □

◆ **例題 4.5　連続型** ◆

X_1 と X_2 の同時密度関数が，以下で与えられているとする[6]．

$$f_{X_1X_2}(x_1, x_2) = \begin{cases} 2e^{-(x_1+x_2)} & 0 < x_2 < x_1 < \infty \\ 0 & \text{その他} \end{cases}$$

このとき，以下の問いに答えよ．

(1) X_1 の周辺確率関数 $f_{X_1}(x_1)$ を求めよ．

(2) X_2 の周辺確率関数 $f_{X_2}(x_2)$ を求めよ．

(3) $X_2 = x_2$ という条件の下で X_1 の条件付き確率関数 $f_{X_1|X_2}(x_1)$ を求めよ．

(4) X_1 と X_2 は独立か？

【解答】

(1) $0 < x_1 < \infty$ のとき，

$$f_{X_1}(x_1) = \int_0^{x_1} 2e^{-(x_1+x_2)} dx_2 = 2e^{-x_1} \int_0^{x_1} e^{-x_2} dx_2$$
$$= 2e^{-x_1}[-e^{-x_2}]_0^{x_1} = 2e^{-x_1}(1 - e^{-x_1})$$

であり，その他のとき 0 である．以上より，次が成り立つ．

$$f_{X_1}(x_1) = \begin{cases} 2e^{-x_1}(1 - e^{-x_1}) & 0 < x_1 < \infty \\ 0 & \text{その他} \end{cases}$$

(2) $0 < x_2 < \infty$ のとき，

$$f_{X_2}(x_2) = \int_{x_2}^{\infty} 2e^{-(x_1+x_2)} dx_1 = 2e^{-x_2} \int_{x_2}^{\infty} e^{-x_1} dx_2 = 2e^{-x_2}[-e^{-x_1}]_{x_2}^{\infty} = 2e^{-2x_2}$$

であり，その他のとき 0 である．以上より，次が成り立つ．

---

[6] e はネイピア数と呼ばれ，$e = \lim_{m \to \infty}(1 + 1/m)^m$ を満たす実数であり，およそ $e \approx 2.718$ である．

$$f_{X_2}(x_2) = \begin{cases} 2e^{-2x_2} & 0 < x_2 < \infty \\ 0 & \text{その他} \end{cases}$$

(3) (2) より，次が成り立つ.

$$f_{X_1|X_2}(x_1) = \begin{cases} e^{x_2-x_1} & x_2 < x_1 < \infty \\ 0 & \text{その他} \end{cases}$$

(4) 例えば $x_1 = 2$, $x_2 = 1$ のとき，$f_{X_1 X_2}(2,1) = 2e^{-3}$, $f_{X_1}(2)f_{X_2}(1) = 4e^{-4}(1 - e^{-2})$ である. ゆえに，すべての x_1, x_2 について $f_{X_1 X_2}(x_1, x_2) = f_{X_1}(x_1)f_{X_2}(x_2)$ は成立しないので，X_1 と X_2 は独立でない. $\qquad\square$

4.6 データと確率分布の関係

統計学においては，観測されたデータ $x_1, x_2, \ldots, x_n$ は，確率変数の組 $X_1, X_2, \ldots, X_n$ の実現値（とりうる値の1つ）とみなされる. 統計学を学習するうえで，確率変数の組 $X_1, X_2, \ldots, X_n$ について以下の2点が仮定されていることが多い.

(1) X_i は密度関数（確率関数）$f_X(x)$ $(p_X(x))$ を持つ確率分布からそれぞれ発生される. つまり，$X_1, X_2, \ldots, X_n$ はすべて同じ確率分布から生成される. これを，同一性と呼ぶ.

(2) 確率変数の組 $X_1, X_2, \ldots, X_n$ は互いに独立である. つまり，$X_1, X_2, \ldots, X_n$ の同時確率関数（同時密度関数）は

$$p_{X_1 X_2 \cdots X_n}(x_1, x_2, \ldots, x_n) = p_X(x_1)p_X(x_2)\cdots p_X(x_n) \quad \boxed{\text{離散型}}$$

$$f_{X_1 X_2 \cdots X_n}(x_1, x_2, \ldots, x_n) = f_X(x_1)f_X(x_2)\cdots f_X(x_n) \quad \boxed{\text{連続型}}$$

という形をしている.

上記の (1) および (2) が仮定される確率変数の組 $X_1, X_2, \ldots, X_n$ をランダムサンプル（無作為標本）と呼ぶ.

◆ **例題 4.6 コイン投げ** ◆

表が出る確率が p，裏が出る確率が $1-p$ のコインがある. このコインを2回投げたとき，1回目に表が出るとき $X_1 = 1$，1回目に裏が出るとき $X_1 = 0$，2回目に表が出るとき $X_2 = 1$，2回目に裏が出るとき $X_2 = 0$ として確率変数を定義する. ただし，各試行は独立であるとする. このとき，以下の問いに答えよ.

(1) X_1, X_2 の同時確率関数 $p_{X_1 X_2}(x_1, x_2)$ を求めよ.

(2) 各 X_i の確率関数 $p_{X_i}(x_i)$ を求めよ.

(3) X_1, X_2 はランダムサンプルと呼べるか？

【解答】

(1) 各回において $X_i = x_i$ となる確率は $p^{x_i}(1-p)^{1-x_i}$ であるから, $(X_1, X_2) = (x_1, x_2)$ となる確率 $p_{X_1 X_2}(x_1, x_2) = \Pr(X_1 = x_2, X_2 = x_2)$ は

$$p_{X_1 X_2}(x_1, x_2) = p^{x_1}(1-p)^{1-x_1} p^{x_2}(1-p)^{1-x_2}, \quad (x_1, x_2) \in \{(0,0),(0,1),(1,0),(1,1)\}$$

であり, その他のときは 0 となる.

(2) $p_{X_1}(x_1)$ について考える. 定義 4.7(1) より,

$$
\begin{aligned}
p_{X_1}(x_1) &= p_{X_1 X_2}(x_1, 0) + p_{X_1 X_2}(x_1, 1) \\
&= p^{x_1}(1-p)^{1-x_1} p^0 (1-p)^{1-0} + p^{x_1}(1-p)^{1-x_1} p^1 (1-p)^{1-1} \\
&= p^{x_1}(1-p)^{1-x_1}(1-p) + p^{x_1}(1-p)^{1-x_1} p = p^{x_1}(1-p)^{1-x_1}
\end{aligned}
$$

である. 同様に, $p_{X_2}(x_2) = p^{x_2}(1-p)^{1-x_2}$ と求まる.

(3) (1),(2) より, $p_{X_1 X_2}(x_1, x_2) = p_{X_1}(x_1) p_{X_1}(x_2)$ である（互いに独立）. また, $p_{X_1}(x_1)$ と $p_{X_2}(x_2)$ は同じ形の確率関数を持つ（同一性）. 以上より, X_1, X_2 はランダムサンプルである. □

なお, この例題で扱った試行は, 以下のような条件を満たすような反復試行である.

- 試行の結果は成功または失敗のいずれかである.
- 各試行は独立である.
- 成功確率 p, 失敗確率 $(1-p)$ は試行を通じて一定である.

一般に, 上記の 3 条件を満足する反復試行をベルヌーイ試行という.

演習問題

問題 4.1　表が出る確率が 0.5 のコインを考える. 10 回投げたときに表が出た回数を確率変数 X とする. このとき, 以下の問いを答えよ.

(a) X のとりうる値をすべて求めよ.

(b) X の確率関数 $p_X(x)$ を求めよ.

(c) R を利用して分布関数, 確率関数のグラフを描きなさい.

問題 4.2　R を利用して以下の確率関数を持つ分布の分布関数, 確率関数のグラフを描きなさい. また, 確率関数になっていることを確めよ.

$$
p_X(x) = \begin{cases} \dfrac{1}{3} & x \in \{0, 1, 2\} \\ 0 & \text{その他} \end{cases}
$$

問題 4.3　R を利用して以下の確率関数を持つ分布の分布関数，確率関数のグラフを描きなさい．また，確率関数になっていることを確かめよ．

$$p_X(x) = \begin{cases} \dfrac{1}{x!} e^{-1} & x \in \{0, 1, 2, \ldots\} \\ 0 & その他 \end{cases}$$

問題 4.4　R を利用して以下の密度関数を持つ分布の分布関数，密度関数のグラフを描きなさい．また，密度関数になっていることを確かめよ．

$$f_X(x) = e^{-x}, \quad x \geq 0$$

問題 4.5　$c > 1$ とする．R を利用して以下の密度関数を持つ分布の分布関数，密度関数のグラフを描きなさい．また，密度関数になっていることを確かめよ．

$$f_X(x) = \begin{cases} \dfrac{1}{c} x^{c-1} & 0 \leq x \leq 1 \\ 0 & その他 \end{cases}$$

問題 4.6　確率変数 X, Y の同時確率関数が右のように与えられている．このとき，以下の問いに答えよ．

$X \backslash Y$	-2	0	2
0	0.1	0.1	0.1
1	0.3	0.2	0.2

(a)　$Z = X + Y$ の確率関数を求めよ．

(b)　X と Y の周辺確率関数 $p_X(x)$ および $p_Y(y)$ をそれぞれ求めよ．

(c)　$Y = 2$ が与えられたときの X の条件付き確率関数 $p_{X|Y}(x|2)$ を求めよ．

(d)　確率変数 X と Y は独立であるか理由を含めて答えよ．

問題 4.7　次の同時確率関数を持つ確率変数 X と Y を考える．

$$p_{XY}(x, y) = \begin{cases} \dfrac{1}{7} & (x, y) \in \{(0, 0), (-1, 1), (1, 1), (-4, 2), (4, 2), (-9, 3), (9, 3)\} \\ 0 & その他 \end{cases}$$

以下の問いに答えよ．

(a)　確率変数 X と Y の周辺確率関数 $p_X(x)$ および $p_Y(y)$ をそれぞれ求めよ．

(b)　確率変数 X と Y は独立であるか理由を含めて答えよ．

問題 4.8　確率変数 X と Y の同時密度関数が次のように与えられているとき，次の問いに答えよ．

$$f_{XY}(x, y) = \begin{cases} 4xy & 0 < x < 1,\ 0 < y < 1 \\ 0 & その他 \end{cases}$$

(a)　確率変数 X と Y の $f_X(x)$ および $f_Y(y)$ をそれぞれ求めよ．

(b)　$X = x$ が与えられたときの Y の条件付き密度関数 $f_{Y|X}(y|x)$ を求めよ．

(c)　確率変数 X と Y は独立であるか理由を含めて答えよ．

問題 **4.9** 確率変数 X と Y の同時密度関数が次のように与えられている.

$$f_{XY}(x,y) = \begin{cases} 2 & 0 \leq y \leq x \leq 1 \\ 0 & \text{その他} \end{cases}$$

(a) 確率変数 X と Y の周辺密度関数 $f_X(x)$ および $f_Y(y)$ をそれぞれ求めよ.

(b) $Y = y$ が与えられたときの X の条件付き密度関数 $f_{X|Y}(x|y)$ を求めよ.

(c) 確率変数 X と Y は独立であるか理由を含めて答えよ.

問題 **4.10** 確率変数 X と Y の同時密度関数が次のように与えられている.

$$f_{XY}(x,y) = \begin{cases} e^{-(x+y)} & x \geq 0, \ y \geq 0 \\ 0 & \text{その他} \end{cases}$$

このとき以下の問いに答えよ.

(a) $\Pr(X < 1, Y < 1)$ を求めよ.

(b) 確率変数 X と Y の周辺密度関数 $f_X(x)$ および $f_Y(y)$ をそれぞれ求めよ.

(c) 確率変数 X と Y が独立であるか理由を含めて答えよ.

第 5 章

期待値と分散

データ X の生成分布とデータ Y の生成分布を比較することを考えよう．確率変数を完全に特徴付けるものとして，密度関数や確率関数などがあるため，これらの関数を比較の指標とすることが考えられる．しかしながら，これらの関数を直接的に比較することは困難であることが多い．そのため，密度関数や確率関数の特徴を記述するには，確率分布の平均的な値である期待値（平均値ともいう）と分布のバラツキである分散を利用する．本章では，確率変数の期待値や分散の定義を紹介し，R を用いて数値的に期待値や分散を計算する方法を紹介する．

5.1 期待値

確率変数は様々な値をとるわけだが，それらを代表する値として期待値が考えられる．例えば，1～6 の目が等しい確率 1/6 で出現するサイコロを振ったときの出る目として期待される値は 3.5 である．これは，

$$1 \times \frac{1}{6} + 2 \times \frac{1}{6} + 3 \times \frac{1}{6} + 4 \times \frac{1}{6} + 5 \times \frac{1}{6} + 6 \times \frac{1}{6} = \frac{7}{2}$$

のように（出た目）×（その確率）の和によって求められる．このような値を期待値と呼ぶ．一般には，以下のように定義される．

> **定義 5.1　期待値**
>
> 離散型確率変数 X の確率関数が $p_X(x)$ とする．連続型確率変数 X の密度関数を $f_X(x)$ とする．
>
> (1) 確率変数 X について，

$$E(X) = \begin{cases} \displaystyle\sum_{x=0}^{\infty} x p_X(x) & \text{離散型} \\ \displaystyle\int_{-\infty}^{\infty} x f_X(x) dx & \text{連続型} \end{cases}$$

を X の期待値と呼ぶ.

(2) 確率変数 X とある関数 $g(x)$ について,

$$E\{g(X)\} = \begin{cases} \displaystyle\sum_{x=0}^{\infty} g(x) p_X(x) & \text{離散型} \\ \displaystyle\int_{-\infty}^{\infty} g(x) f_X(x) dx & \text{連続型} \end{cases}$$

を $g(X)$ の期待値と呼ぶ.

◆ **例題 5.1　コイン投げ** ◆

表が出る確率が p であるコインがある. 初めて表が出るまでこのコインを投げ続けたとき, 裏が出た回数を確率変数 X とすると, X の確率関数は, 例題 4.1(2) で与えられた確率関数（幾何分布）となる. このとき, 以下の問いに答えよ.

(1) $E(X)$ の値を求めよ.

(2) $E\{X(X-1)\}$ の値を求めよ.

【解答】

(1) 期待値の定義より,

$$E(X) = \sum_{x=0}^{\infty} x(1-p)^x p$$
$$= (1-p)p + 2(1-p)^2 p + 3(1-p)^3 p + \cdots \tag{5.1}$$

また,

$$(1-p)E(X) = (1-p)^2 p + 2(1-p)^3 p + 3(1-p)^4 p + \cdots \tag{5.2}$$

である. (5.1) から (5.2) を引くことで,

$$pE(X) = (1-p)^2 p + (1-p)^3 p + (1-p)^4 p + \cdots = \sum_{x=0}^{\infty} (1-p)^x p - p$$

を得る. ここで, 定義 4.2 より, $\sum_{x=0}^{\infty}(1-p)^x p = \sum_{x=0}^{\infty} p_X(x) = 1$ であるから,

$$pE(X) = 1-p \implies E(X) = \frac{1-p}{p}$$

となる.

(2) 期待値の定義より,

$$E\{X(X-1)\} = \sum_{x=0}^{\infty} x(x-1)(1-p)^x p$$

$$= 2 \times 1(1-p)^2 p + 3 \times 2(1-p)^3 p + 4 \times 3(1-p)^4 p + \cdots \qquad (5.3)$$

また,

$$(1-p)E\{X(X-1)\} = 2 \times 1(1-p)^3 p + 3 \times 2(1-p)^4 p + 4 \times 3(1-p)^5 p + \cdots \qquad (5.4)$$

である. (5.3) から (5.4) を引くことで,

$$pE\{X(X-1)\} = 2(1-p)^2 p + 4(1-p)^3 p + 6(1-p)^4 p + \cdots$$

$$= 2(1-p)\{(1-p)p + 2(1-p)^2 p + 3(1-p)^3 p + \cdots\}$$

$$= 2(1-p)E(X)$$

を得る. ここで, $E(X) = (1-p)/p$ であるから,

$$E\{X(X-1)\} = \frac{2(1-p)^2}{p^2}$$

となる. □

次に, 確率変数の組 $X_1, X_2, \ldots, X_n$ に対する期待値は次のように定義される.

定義 5.2 **多変数版の期待値**

離散型確率変数 $X_1, X_2, \ldots, X_n$ の同時確率関数を $p_{X_1 X_2 \cdots X_n}(x_1, x_2, \ldots, x_n)$ とする. 連続型確率変数 $X_1, X_2, \ldots, X_n$ の同時密度関数を $f_{X_1 X_2 \cdots X_n}(x_1, x_2, \ldots, x_n)$ とする.

(1) 関数 $g(X_1, X_2, \ldots, X_n)$ の期待値を,

$$E\{g(X_1, X_2, \ldots, X_n)\}$$

$$= \begin{cases} \displaystyle\sum_{x_1=0}^{\infty} \cdots \sum_{x_n=0}^{\infty} g(x_1, x_2, \ldots, x_n) p_{X_1 X_2 \cdots X_n}(x_1, x_2, \ldots, x_n) & \text{離散型} \\ \displaystyle\int_{-\infty}^{\infty} \cdots \int_{-\infty}^{\infty} g(x_1, x_2, \ldots, x_n) f_{X_1 X_2 \cdots X_n}(x_1, x_2, \ldots, x_n) dx_1 \cdots dx_n & \text{連続型} \end{cases}$$

と定める.

(2) (1) において, とくに $g(X_1, X_2, \ldots, X_n) = X_j$ とおくと

$$
\mathrm{E}(X_j) = \begin{cases} \displaystyle\sum_{x_1=0}^{\infty} \cdots \sum_{x_n=0}^{\infty} x_j p_{X_1 X_2 \cdots X_n}(x_1, x_2, \ldots, x_n) & \text{離散型} \\[3mm] \displaystyle\int_{-\infty}^{\infty} \cdots \int_{-\infty}^{\infty} x_j f_{X_1 X_2 \cdots X_n}(x_1, x_2, \ldots, x_n) dx_1 \cdots dx_n & \text{連続型} \end{cases}
$$

である.

定理 5.1 期待値の性質

確率変数 X と Y について, 以下の (1) と (2) が成り立つ.

(1) a, b を定数とするとき, $\mathrm{E}(aX + bY + c) = a\mathrm{E}(X) + b\mathrm{E}(Y) + c$.

(2) X と Y が独立であれば, $\mathrm{E}(XY) = \mathrm{E}(X)\mathrm{E}(Y)$.

一般に, 確率変数の積の期待値は「2 つの期待値の積に分解できない」ので注意が必要である.

◆ 例題 5.2 期待値の性質の証明 ◆

定理 5.1 を証明せよ.

【解答】 離散型の場合も同様に示すことができるため, 連続型のときを示す.

(1) a, b, c を定数とするとき,

$$
\begin{aligned}
\mathrm{E}(aX + bY + c) &= \int_{-\infty}^{\infty} \int_{-\infty}^{\infty} (ax + by + c) f_{XY}(x, y) dx dy \\
&= \int_{-\infty}^{\infty} \int_{-\infty}^{\infty} ax f_{XY}(x, y) dx dy + \int_{-\infty}^{\infty} \int_{-\infty}^{\infty} by f_{XY}(x, y) dx dy \\
&\quad + \int_{-\infty}^{\infty} \int_{-\infty}^{\infty} c f_{XY}(x, y) dx dy \\
&= a \int_{-\infty}^{\infty} x \left(\int_{-\infty}^{\infty} f_{XY}(x, y) dy \right) dx + b \int_{-\infty}^{\infty} y \left(\int_{-\infty}^{\infty} f_{XY}(x, y) dx \right) dy \\
&\quad + c \int_{-\infty}^{\infty} \int_{-\infty}^{\infty} f_{XY}(x, y) dx dy \\
&= a \int_{-\infty}^{\infty} x f_X(x) dx + b \int_{-\infty}^{\infty} y f_Y(y) dy + c \times 1 \\
&= a\mathrm{E}(X) + b\mathrm{E}(Y) + c
\end{aligned}
$$

(2) X と Y が独立であれば, $f_{XY}(x, y) = f_X(x) f_Y(y)$ である. このとき,

$$
\mathrm{E}(XY) = \int_{-\infty}^{\infty} \int_{-\infty}^{\infty} xy f_X(x) f_Y(y) dx dy = \int_{-\infty}^{\infty} x f_X(x) dx \int_{-\infty}^{\infty} y f_Y(y) dy = \mathrm{E}(X)\mathrm{E}(Y) \quad \square
$$

5.2 分散

　期待値は確率変数の重要な指標の1つであるが，確率変数の特徴をすべて捉えているとは言えない．例えば，次のような2つの確率分布を考えよう．

$$p_X(x) = \begin{cases} 1/11 & x \in \{1, 2, \ldots, 11\} \\ 0 & \text{その他} \end{cases}, \qquad p_Y(y) = \begin{cases} 1/2 & y \in \{5, 7\} \\ 0 & \text{その他} \end{cases}$$

このとき，それぞれの期待値は $\mathrm{E}(X) = 6$, $\mathrm{E}(Y) = 6$ となり等しいが，明らかに分布の様子が異なっている．X の分布は1から11の整数をとるのに対して，Y は5と7しかとらない．このことから，X の分布はバラツキが大きく，Y の分布はバラツキが小さい（期待値6付近に集中）と考えられる．このようなバラツキ（あるいは集中度合）を表す指標を分散と呼ぶ．

定義 5.3　分散と k 次モーメント

確率変数 X の分散を

$$\mathrm{Var}(X) = \mathrm{E}\left[\{X - \mathrm{E}(X)\}^2\right]$$

と定義し，X の標準偏差を $\sqrt{\mathrm{Var}(X)}$ と定義する．また，a を定数としたときに，**a に関する k 次モーメント**は

$$\mathrm{E}\left(|X - a|^k\right)$$

と定義される．

　分散の計算は次の定理を用いると簡単になることがある．

定理 5.2　分散の性質

確率変数 X と Y について，以下の (1) と (2) が成り立つ．

1.　$\mathrm{Var}(X) = \mathrm{E}(X^2) - \{\mathrm{E}(X)\}^2$
2.　a, b, c を定数とするとき，$\mathrm{Var}(aX + bY + c) = a^2\mathrm{Var}(X) + b^2\mathrm{Var}(Y)$

◆ **例題 5.3　続・コイン投げ** ◆

例題 5.1 の確率変数 X について，以下の問いに答えよ．

(1)　$\mathrm{Var}(X) = \mathrm{E}(X^2) - \{\mathrm{E}(X)\}^2$ を示せ．

(2)　$\mathrm{Var}(X) = \mathrm{E}\{X(X-1)\} + \mathrm{E}(X) - \{\mathrm{E}(X)\}^2$ を示せ．

(3)　$\mathrm{Var}(X)$ の値を求めよ．

【解答】

(1) 分散の定義において $\{X - \mathrm{E}(X)\}^2$ を展開し，項別で期待値をとることで，以下のよう変形できる．

$$\mathrm{Var}(X) = \mathrm{E}\left[\{X - \mathrm{E}(X)\}^2\right] = \mathrm{E}[X^2 - 2X\mathrm{E}(X) + \{\mathrm{E}(X)\}^2]$$
$$= \mathrm{E}(X^2) - 2\{\mathrm{E}(X)\}^2 + \{\mathrm{E}(X)\}^2 = \mathrm{E}(X^2) - \{\mathrm{E}(X)\}^2$$

以上より，(1) が示された．

(2) 右辺は，以下のように式変形できる．

$$\mathrm{E}\{X(X-1)\} + \mathrm{E}(X) - \{\mathrm{E}(X)\}^2 = \mathrm{E}(X^2 - X) + \mathrm{E}(X) - \{\mathrm{E}(X)\}^2$$
$$= \mathrm{E}(X^2) - \mathrm{E}(X) + \mathrm{E}(X) - \{\mathrm{E}(X)\}^2$$
$$= \mathrm{E}(X^2) - \{\mathrm{E}(X)\}^2 \tag{5.5}$$

(1) と (5.5) より，左辺と右辺が等しいことが示された．

(3) 例題 5.1 および (1) より，以下のように計算できる．

$$\mathrm{Var}(X) = \mathrm{E}\{X(X-1)\} + \mathrm{E}(X) - \{\mathrm{E}(X)\}^2$$
$$= \frac{2(1-p)^2}{p^2} + \frac{1-p}{p} - \frac{(1-p)^2}{p^2} = \frac{1-p}{p^2} \qquad \square$$

確率が直接的に評価できない場合，モーメントを用いて粗く評価する場面がしばしばある．その際によく利用する公式を紹介する．具体的には，第 8 章で扱う一致性という推定量の性質を示す際に利用される．

◆ **例題 5.4 確率と k 次モーメント** ◆

θ をある実数とする．$\varepsilon > 0$ に対して，

$$\Pr(|X - \theta| \geq \varepsilon) \leq \frac{\mathrm{E}(|X - \theta|^k)}{\varepsilon^k}$$

が成立することを示せ．ただし，k はある自然数とする．

【解答】 離散型の場合も同様に示すことができるため，連続型のときを示す．X が連続型確率変数とすると，以下のように式変形できる．

$$\Pr(|X - \theta| \geq \varepsilon) = \int_{\{x \,:\, |x-\theta| \geq \varepsilon\}} f_X(x)dx = \int_{\{x \,:\, |x-\theta|^k \geq \varepsilon^k\}} f_X(x)dx$$
$$= \int_{\{x \,:\, |x-\theta|^k/\varepsilon^k \geq 1\}} f_X(x)dx \leq \int_{\{x \,:\, |x-\theta|^k/\varepsilon^k \geq 1\}} \frac{|x-\theta|^k}{\varepsilon^k} f_X(x)dx$$
$$\leq \int_{-\infty}^{\infty} \frac{|x-\theta|^k}{\varepsilon^k} f_X(x)dx = \frac{\mathrm{E}(|X - \theta|^k)}{\varepsilon^2} \qquad \square$$

5.3 共分散と相関係数

共分散とは2つの変数 X と Y の関係を表す指標であり，以下のように定義される．

定義5.4 共分散

確率変数 X と Y に対して，

$$\mathrm{Cov}(X,Y) = \mathrm{E}\left[\{X - \mathrm{E}(X)\}\{Y - \mathrm{E}(Y)\}\right]$$

を X と Y の共分散という．また，

$$\mathrm{Cov}(X,Y) = \mathrm{E}(XY) - \mathrm{E}(X)\mathrm{E}(Y)$$

と表すこともできる．

共分散は，以下のように解釈する．

- 共分散 $\mathrm{Cov}(X,Y)$ が正の値ならば，X が大きいとき Y も大きい傾向がある．
- 共分散 $\mathrm{Cov}(X,Y)$ が負の値ならば，X が大きいとき Y は小さい傾向がある．

しかし，共分散の大小は，2つの変数の関係の強さと単位の影響の両方で決まるため，共分散を各変数の標準偏差の積で割ることにより，単位の影響を取り除いた相関係数という指標を用いるのが一般的とされている．

定義5.5 相関係数

確率変数 X と Y に対して，

$$\rho(X,Y) = \frac{\mathrm{Cov}(X,Y)}{\sqrt{\mathrm{Var}(X)}\sqrt{\mathrm{Var}(Y)}}$$

を X と Y の相関係数という．$\rho(X,Y) = 0$ であることを無相関という．

◆ 例題5.5 無相関と独立 ◆

確率変数 X と確率変数 Y が独立とすると，無相関であることを示せ．

【解答】 独立であれば $\mathrm{E}(XY) = \mathrm{E}(X)\mathrm{E}(Y)$ であることに注意すると，

$$\mathrm{Cov}(X,Y) = \mathrm{E}(XY) - \mathrm{E}(X)\mathrm{E}(Y) = \mathrm{E}(X)\mathrm{E}(Y) - \mathrm{E}(X)\mathrm{E}(Y) = 0$$

となる．$\mathrm{Cov}(X,Y) = 0$ であるから，$\rho(X,Y) = 0$ を得る． $\square$

一般に，例題 5.5 の逆の命題「無相関ならば独立」は成り立たない．下記の例題は，X と Y は無相関であるが独立にはならない例の 1 つである．

◆ **例題 5.6　続・無相関と独立** ◆

確率変数 X の密度関数は以下であるとする．

$$f_X(x) = \begin{cases} \dfrac{1}{\pi} & -\dfrac{\pi}{2} < x < \dfrac{\pi}{2} \\ 0 & その他 \end{cases}$$

また，確率変数 Y を $Y = \cos X$ と定義する．このとき，X と Y は無相関であるが独立でないことを示せ．

【解答】 $\rho(X, Y)$ を調べるために，$\mathrm{Cov}(X, Y) = \mathrm{E}(XY) - \mathrm{E}(X)\mathrm{E}(Y)$ を計算する．X の期待値は，

$$\mathrm{E}(X) = \int_{-\frac{\pi}{2}}^{\frac{\pi}{2}} x \frac{1}{\pi} dx = \left[\frac{x^2}{2\pi} \right]_{-\frac{\pi}{2}}^{\frac{\pi}{2}} = \frac{(\pi/2)^2}{2\pi} - \frac{(-\pi/2)^2}{2\pi} = 0$$

であるから，$\mathrm{E}(X)\mathrm{E}(Y) = 0$ である．よって，

$$\mathrm{Cov}(X, Y) = \mathrm{E}(XY) = \mathrm{E}(X\cos X) = \int_{-\frac{\pi}{2}}^{\frac{\pi}{2}} x\cos x \frac{1}{\pi} dx = \frac{1}{\pi} \int_{-\frac{\pi}{2}}^{\frac{\pi}{2}} x \frac{d}{dx}\sin x \, dx$$

$$= \frac{1}{\pi}[x\sin x + \cos x]_{-\frac{\pi}{2}}^{\frac{\pi}{2}} = \frac{1}{\pi}\left(\frac{\pi}{2} - \frac{\pi}{2}\right) = 0$$

である．$\mathrm{Cov}(X, Y) = 0$ であるから，$\rho(X, Y) = 0$ を得る．したがって，X と Y は無相関である．

一方で，ある x と y について，$\mathrm{Pr}(X \le x, Y \le y) \ne \mathrm{Pr}(Y \le y)\mathrm{Pr}(X \le x)$ となることを示す．例えば，$x = \pi/4, y = 1/2$ をとると，

$$\mathrm{Pr}\left(X \le \frac{\pi}{4}, Y \le \frac{1}{2}\right) = \mathrm{Pr}\left(-\frac{\pi}{2} \le X \le -\frac{\pi}{3}\right) = \int_{-\frac{\pi}{2}}^{-\frac{\pi}{3}} \frac{1}{\pi} dx = \frac{1}{6},$$

$$\mathrm{Pr}\left(Y \le \frac{1}{2}\right) = \mathrm{Pr}\left(\cos X \le \frac{1}{2}\right) = \mathrm{Pr}\left(-\frac{\pi}{2} \le X \le -\frac{\pi}{3}\right) + \mathrm{Pr}\left(\frac{\pi}{3} \le X \le \frac{\pi}{2}\right)$$

$$= \frac{1}{\pi}\left\{-\frac{\pi}{3} - \left(-\frac{\pi}{2}\right)\right\} + \frac{1}{\pi}\left(\frac{\pi}{2} - \frac{\pi}{3}\right) = \frac{1}{3},$$

$$\mathrm{Pr}\left(X \le \frac{\pi}{4}\right) = \frac{1}{\pi}\left\{\frac{\pi}{4} - \left(-\frac{\pi}{2}\right)\right\} = \frac{3}{4}$$

となる．したがって，

$$\mathrm{Pr}\left(X \le \frac{\pi}{4}, Y \le \frac{1}{2}\right) \ne \mathrm{Pr}\left(Y \le \frac{1}{2}\right)\mathrm{Pr}\left(X \le \frac{\pi}{4}\right)$$

であるので独立でない． □

5.4 モンテカルロ・シミュレーション

これまでの例題で扱ったように，比較的簡単な X であればモーメントを手計算で正確に求めることができる．しかし，確率変数 X の複雑な関数のモーメントは，いつも手計算で正確な値を求められるとは限らない．そこで，X の確率関数（あるいは密度関数）から疑似乱数を発生させることにより，正確な値が求めにくいとされる確率やモーメントの近似値を数値的に求める方法がある．このような方法をモンテカルロ・シミュレーションという．

手順 5.1　モンテカルロ・シミュレーション

$X_1, X_2, \ldots, X_n$ の同時確率関数を $p_{X_1 X_2 \cdots X_n}(x_1, x_2, \ldots, x_n)$（または同時密度関数を $f_{X_1 X_2 \cdots X_n}(x_1, x_2, \ldots, x_n)$）とする．以下のようにして期待値の近似を得る手続きを，モンテカルロ・シミュレーションという．

(1) $p_{X_1 X_2 \cdots X_n}(x_1, x_2, \ldots, x_n)$（または $f_{X_1 X_2 \cdots X_n}(x_1, x_2, \ldots, x_n)$）に従う疑似乱数 $x_1^{(i)}$, $x_2^{(i)}, \ldots, x_n^{(i)}$ を生成する．

(2) (1) で得た n 個の乱数 $x_1^{(i)}$, $x_2^{(i)}, \ldots, x_n^{(i)}$ を使って，$g^{(i)} = g(x_1^{(i)}, x_2^{(i)}, \ldots, x_n^{(i)})$ を計算する．

(3) (1) と (2) を B 回繰り返して得られた $g^{(1)}, g^{(2)}, \ldots, g^{(B)}$ を用いて，

$$\mathrm{E}\{g(X_1, X_2, \ldots, X_n)\} \approx \frac{1}{B} \sum_{i=1}^{B} g^{(i)}$$

と近似できる[1]．

◆ 例題 5.7　シミュレーション ◆

確率変数 X は例題 4.1 (2) で与えられる確率関数（幾何分布）に従うとするとき，R を用いて $\mathrm{E}\{X(X-1)\}$ をモンテカルロ・シミュレーションにより求めよ．ただし，例題 4.1 (2) で与えられる確率関数における p は 0.5 と設定し，繰り返し数は $B = 100000$ で行うこと．

【解答】　rgeom() を用いることで，幾何分布に従う疑似乱数を生成することができる．具体的には，以下のようなコードを用いる．

---

[1] ここで近似できるとは，数学的に言えば概収束の意味での収束であり，大数の強法則として用いられている．これらの基本的な収束の話は統計学において重要ではあるが，かなり数学的に難しい．収束等の漸近理論を学びたい方は [10, 12, 21] 等を参照されたい．

```
p <- 0.5
sim <- function(B) {
  X <- rgeom(B, p)
  a <- X*(X-1)
  return(mean(a))
}
```

幾何分布における p を変更したい場合は，1 行目の p <- 0.5 を変更する．3 行目の rgeom() を他の乱数生成関数に変更すれば，幾何分布以外の分布へも対応することができる．4 行目の X*(X-1) を適当な X の関数へ変更すれば他の期待値も計算できる．

関数 sim() を作成した後，sim(100000) とすれば，繰り返し数 $B = 100000$ 回のモンテカルロ・シミュレーションが実装される．実装方法と出力結果は，以下のようになる．

```
sim(100000)
 [1] 1.9923
```

出力結果 1.9923 は，例題 5.1(2) で求めた理論値 $2(1 - 0.5)^2/0.5^2 = 2$ に近いことがわかる．また，乱数に依存するため，出力結果は必ずしも常に 1.9923 とならないことに注意する． □

モンテカルロ・シミュレーションには乱数の発生が重要である．R は多くの分布の乱数生成関数がすでに実装されている．しかしながら，実務では実際に確率（密度）関数がわからない乱数を発生させる必要がある場合もある．それらの乱数の発生方法には逆関数法や棄却法など様々ある．詳細は [15] などを参照されたい．

演習問題

問題 5.1　1 枚のコインを投げるとき，確率変数 X を表のときは 1，裏のときは 0 と定義する．また $\Pr(X = 1) = p, \Pr(X = 0) = 1 - p$ とする．このとき，X の期待値 $\mathrm{E}(X)$ と分散 $\mathrm{Var}(X)$ を求めよ．

問題 5.2　1 つのサイコロを投げるとき，出る目を X とする．このとき，X の確率関数 $p_X(x) = \Pr(X = x)$, $x \in \{1, 2, 3, 4, 5, 6\}$ を求め，それを用いて X の期待値 $\mathrm{E}(X)$ と分散 $\mathrm{Var}(X)$ を求めよ．ただし，6 つの出る目はいずれも同様に確からしいとする．

問題 5.3　赤玉が 6 個，白玉が 4 個入っている壺の中からランダムに 2 個の玉を取り出すとき，取り出された赤玉の数を X とする．このとき，X の確率関数 $p_X(x) = \Pr(X = x)$, $x \in \{0, 1, 2\}$ を求め，それを用いて X の期待値 $\mathrm{E}(X)$ と分散 $\mathrm{Var}(X)$ を求めよ．

問題 5.4🐾　$\varepsilon > 0$ に対して，

$$\Pr(|X - \theta| \geq \varepsilon) = \frac{\mathrm{E}(|X - \theta|^2)}{\varepsilon^2}$$

が成立するような例を挙げよ．

問題 5.5🐾　X と Y を 2 次モーメントを持つような確率変数とするとき，$\mathrm{Var}(X + Y) = \mathrm{Var}(X) + \mathrm{Var}(Y)$ が成立するための必要十分条件は X と Y が無相関であることを示せ．

問題 **5.6** 確率変数 X_1, X_2, X_3, X_4, X_5 は互いに独立で，すべて平均は μ，分散は σ^2 であるとする．すなわち，$\mathrm{E}(X_i) = \mu$, $\mathrm{Var}(X_i) = \sigma^2$, $i \in \{1, 2, 3, 4, 5\}$ である．$V = X_1 + X_2 + X_3$, $W = X_2 + X_3 + X_4 + X_5$ とするとき，$\mathrm{Var}(V)$ および $\mathrm{Cov}(V, W)$ を求めよ．

問題 **5.7** 相関係数の絶対値は 1 以下であることを示せ．必要であれば，シュワルツの不等式[2] を用いてよい．

問題 **5.8** 確率変数 X, Y に対して，$V = aX + b$, $W = cY + d$ を定義する．ただし，a, b, c, d は実定数である．このとき，$|\rho(X, Y)| = |\rho(V, W)|$ を示せ．

問題 **5.9** 確率変数 X を $(0, 1)$ 上の一様分布とする．以下の確率とモーメントをモンテカルロ・シミュレーションを用いて求めよ．

(a) $\mathrm{Pr}(0.1 < X < 0.3)$, $\mathrm{Pr}(0.1 < X^2 < 0.3)$

(b) $\mathrm{E}(X^2)$, $\mathrm{E}(X^3)$

問題 **5.10** X と Y をそれぞれ独立に $(-1, 1)$ 上の一様分布に従う確率変数とする．以下の確率とモーメントをモンテカルロ・シミュレーションを用いて求めよ．

(a) $\mathrm{Pr}(-0.5 < X < 0.5, -0.5 < Y < 0.5)$, $\mathrm{Pr}(X^2 + Y^2 < 1)$

(b) $\mathrm{E}(XY)$, $\mathrm{E}(X^2)$, $\mathrm{E}(Y^2)$

---

[2]確率変数 X, Y に対して，$\{\mathrm{E}(XY)\}^2 \leq \mathrm{E}(X^2)\mathrm{E}(Y^2)$ が成り立つ．これを，シュワルツの不等式という．証明については，[12] を参照されたい．

第6章

離散型確率変数の分布

前章は，確率変数と確率分布に関する一般論であった．確率的に生じる現象にはそれに当てはまる確率分布がある．本章では，離散型確率変数の分布の中でも代表的な二項分布とポアソン分布について紹介する．なお，各分布に対する確率関数のグラフ描画，確率の算出，分位点の算出，疑似データ生成をRで実装する方法についても紹介する．

6.1 二項分布

二項分布は，結果が成功か失敗のいずれかである試行を独立に n 回行ったときの成功回数を確率変数 X としたときの従う分布である．ただし，各試行における成功確率は一定であり，p と表す．例えば，表が出る確率が $p = 1/3$ である不正なコインを $n = 4$ 回投げたとき，表が出る回数を X と表すときの確率関数は二項分布である．その確率関数 $p_X(x)$ は一体どのような形なのだろうか？　導出を行ってみよう．確率関数 $p_X(x)$ は4回中 x 回表が出る確率を意味している．

図 6.1 は，「表が出る」という事象を ○ で表し，「裏が出る」という事象を × で表している．ここで，$p_X(2)$ （4回中表が2回出る確率）について考えよう．例えば，$X = 2$ となるパ

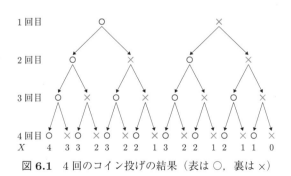

図 **6.1** 4回のコイン投げの結果（表は ○，裏は ×）

ターン数は，図6.1から6通りと確認できる．このパターン数は，4回中表が2回である（図6.1において ○ が2回現れる）場合の数 $_4\mathrm{C}_2$ を計算することにより得ることができる[1]．また，それぞれのパターンには，表が2回（○ が2回），裏が2回（× が2回）現れていることから，それぞれのパターンの起こる確率は $(1/3)^2(2/3)^2$ である．以上より，

$$p_X(2) = 4\text{回中表が2回である場合の数} \times \left(\frac{1}{3}\right)^2 \left(\frac{2}{3}\right)^2 = {}_4\mathrm{C}_2 \left(\frac{1}{3}\right)^2 \left(\frac{2}{3}\right)^2$$

となる．$x = 2$ のときと同様に考えて，X の確率関数を求めてみると，

$$p_X(0) = 4\text{回中表が0回である場合の数} \times \left(\frac{1}{3}\right)^0 \left(\frac{2}{3}\right)^4 = {}_4\mathrm{C}_0 \left(\frac{1}{3}\right)^0 \left(\frac{2}{3}\right)^4,$$

$$p_X(1) = 4\text{回中表が1回である場合の数} \times \left(\frac{1}{3}\right)^1 \left(\frac{2}{3}\right)^3 = {}_4\mathrm{C}_1 \left(\frac{1}{3}\right)^1 \left(\frac{2}{3}\right)^3,$$

$$p_X(3) = 4\text{回中表が3回である場合の数} \times \left(\frac{1}{3}\right)^3 \left(\frac{2}{3}\right)^1 = {}_4\mathrm{C}_3 \left(\frac{1}{3}\right)^3 \left(\frac{2}{3}\right)^1,$$

$$p_X(4) = 4\text{回中表が4回である場合の数} \times \left(\frac{1}{3}\right)^4 \left(\frac{2}{3}\right)^0 = {}_4\mathrm{C}_4 \left(\frac{1}{3}\right)^4 \left(\frac{2}{3}\right)^0$$

となる．以上の結果をまとめると，以下の式で表すことができる．

$$p_X(x) = \begin{cases} {}_4\mathrm{C}_x \times \left(\dfrac{1}{3}\right)^x \left(\dfrac{2}{3}\right)^{4-x} & x \in \{0,1,2,3,4\} \\ 0 & \text{その他} \end{cases}$$

そして，n や p が一般の場合は以下のようになる．

| 定義6.1 | 二項分布 |

事象 A が確率 p で起こるような試行を独立に n 回繰り返す．n 回の試行のうちの事象 A が起こった回数を確率変数 X とおく．このとき，確率変数 X の確率関数は

$$p_X(x) = \begin{cases} {}_n\mathrm{C}_x \times p^x(1-p)^{n-x} & x \in \{0,1,\ldots,n\} \\ 0 & \text{その他} \end{cases}$$

と表すことができる．このような確率分布を二項分布と呼び，$\mathrm{Bin}(n,p)$ と表す．

なお，確率変数 X がパラメータ[2] (n,p) の二項分布に従うことを $X \sim \mathrm{Bin}(n,p)$ と表す．

---

[1]ここで，$_n\mathrm{C}_x$ は n 個の中から x 個取り出す組み合わせの数で $_n\mathrm{C}_x = \dfrac{n!}{x!(n-x)!}$ である．ただし，$n! = 1 \times 2 \times \cdots \times n$ であり，$0! = 1$ と約束する．「$n!$」は「n の階乗」と読む．
[2]二項分布の確率関数における (n,p) のような，分布を特徴付ける定数のことをパラメータと呼ぶ．

◆ **例題 6.1　二項分布の期待値と分散** ◆

確率変数 X が二項分布 $\mathrm{Bin}(n, p)$ に従うとき，以下の問いに答えよ.

(1) X の期待値 $\mathrm{E}(X)$ を求めよ.

(2) $X(X-1)$ の期待値 $\mathrm{E}\{X(X-1)\}$ を求めよ.

(3) X の分散 $\mathrm{Var}(X)$ を求めよ.

【解答】

(1) 二項係数について

$$_n\mathrm{C}_x = \frac{n(n-1)!}{x\,(x-1)!\{n-1-(x-1)\}!} = \frac{n}{x}\,_{n-1}\mathrm{C}_{x-1}$$

が成り立つことに注意すると，以下のように期待値を導出することができる.

$$\mathrm{E}(X) = \sum_{x=0}^{n} x p_X(x) = \sum_{x=1}^{n} x\,_n\mathrm{C}_x\, p^x(1-p)^{n-x}$$
$$= \sum_{x=1}^{n} x\frac{n}{x}\,_{n-1}\mathrm{C}_{x-1}\, p^x(1-p)^{n-x} = np\sum_{x=1}^{n}\,_{n-1}\mathrm{C}_{x-1}\, p^{x-1}(1-p)^{n-1-(x-1)}$$
$$= np\sum_{\tilde{x}=0}^{n-1}\,_{n-1}\mathrm{C}_{\tilde{x}}\, p^{\tilde{x}}(1-p)^{n-1-\tilde{x}} = np$$

なお，最後の行の変形には二項定理[3]を使っている.

(2) 二項係数について

$$_n\mathrm{C}_x = \frac{n(n-1)(n-2)!}{x(x-1)\,(x-2)!\{n-2-(x-2)\}!} = \frac{n(n-1)}{x(x-1)}\,_{n-2}\mathrm{C}_{x-2}$$

が成り立つことに注意すると，

$$\mathrm{E}\{X(X-1)\} = \sum_{x=0}^{n} x(x-1)p_X(x) = \sum_{x=2}^{n} x(x-1)\,_n\mathrm{C}_x\, p^x(1-p)^{n-x}$$
$$= \sum_{x=2}^{n} x(x-1)\frac{n(n-1)}{x(x-1)}\,_{n-2}\mathrm{C}_{x-2}\, p^x(1-p)^{n-x}$$
$$= n(n-1)p^2\sum_{x=2}^{n}\,_{n-2}\mathrm{C}_{x-2}\, p^{x-2}(1-p)^{n-2-(x-2)}$$

である. さらに，$\tilde{x} = x-2$ とおくと，以下のように期待値を導出することができる.

$$\mathrm{E}\{X(X-1)\} = n(n-1)p^2\sum_{\tilde{x}=0}^{n-2}\,_{n-2}\mathrm{C}_{\tilde{x}}\, p^{\tilde{x}}(1-p)^{n-2-\tilde{x}} = n(n-1)p^2$$

なお，最後の変形には再び二項定理を使っている.

---

[3] $a+b$ の任意のべきから $(a+b)^k = \sum_{x=0}^{k}\,_k\mathrm{C}_x a^x b^{k-x}$ と和の形への展開を二項定理と呼ぶ. 特に，$a = p$, $b = 1-p$, $k = n-1$ とおくと $\sum_{\tilde{x}=0}^{n-1}\,_{n-1}\mathrm{C}_{\tilde{x}}\, p^{\tilde{x}}(1-p)^{n-1-\tilde{x}} = 1^{n-1} = 1$ となることがわかる.

(3) (1) および (2) より，以下のように分散を導出することができる．

$$\mathrm{Var}(X) = \mathrm{E}\{X(X-1)\} + \mathrm{E}(X) - \{\mathrm{E}(X)\}^2 = n(n-1)p^2 + np - n^2p^2$$
$$= np\{p(n-1) + 1 - np\} = np(1-p) \qquad \square$$

二項分布に従う確率変数 X に関する確率関数のグラフ，確率，分位点，疑似データ生成を R で算出する方法を以下にまとめておく．

R コマンド6.1　二項分布

それぞれの関数の引数 n と p は二項分布 $\mathrm{Bin}(n, p)$ のパラメータ n と p に対応している．

(1) 確率関数 $p_X(x)$: dbinom(x, n, p). 引数 x は確率関数 $p_X(x)$ の x に対応する．

(2) 分布関数 $F_X(x) = \mathrm{Pr}(X \le x)$: pbinom(x, n, p). 引数 x は分布関数 $F_X(x)$ の x に対応する．

(3) 上側確率 $\mathrm{Pr}(X > x)$: pbinom(x, n, p, lower.tail=F). 引数 x は確率 $\mathrm{Pr}(X > x)$ の x に対応する．

(4) 分布関数の逆関数[4] $F_X^{-1}(a)$: qbinom(a, n, p). 引数 a は $F_X^{-1}(a)$ の a に対応するため，0 より大きく 1 未満の値を入力する．

(5) 上側確率 $\mathrm{Pr}(X > x) = a$ を満たす x : qbinom(a, n, p, lower.tail=F). 引数 a は $\mathrm{Pr}(X > x) = a$ の a に対応するため，0 より大きく 1 未満の値を入力する．

(6) 確率関数 $p_X(x)$ のグラフ : plot(dbinom(0:n, n, p), type="h", xlim=c(0,n), xlab="x", ylab="p(x)").

(7) $\mathrm{Bin}(n, p)$ に従う s 個の疑似データ生成 : rbinom(s, n, p). 引数 s には発生させたい乱数の個数を入力する．

それでは，R コマンドを実装してみよう．

◆ 例題 6.2　二項分布 ◆

サイコロを 12 回投げたとき 1 の目が出た回数を確率変数 X とすると，$X \sim \mathrm{Bin}(12, 1/6)$ である．このとき，以下の問いに答えよ．

(1) 1 の目が 3 回出る確率を求めよ．

(2) 1 の目が出る回数が 3 以下である確率を求めよ．

(3) 1 の目が出る回数が 3 より大きい確率を求めよ．

(4) 1 の目が出る回数が x 以下である確率が 0.874 となるような x を求めよ．

---

[4] 分布関数の逆関数 $F_X^{-1}(a)$ は，$\mathrm{Pr}(X \le x) = a$ を満たす x を求めている．なお離散型の場合，$F_X^{-1}(a)$ は，$F(x) \ge a$ となる最小の x の意味である．

(5) 1の目が出る回数が x より大きい確率が 0.126 となるような x を求めよ.

(6) $\mathrm{Bin}(12,1/6)$ の確率関数 $p_X(x)$ $(0 \leq x \leq 12)$ のグラフを作成せよ.

(7) $\mathrm{Bin}(12,1/6)$ に従う 10 個の疑似データを生成せよ.

【解答】 R コマンド 6.1 の各関数を利用する.

(1) 1 の目が 3 回出る確率 $p_X(3)$ は次のように求めることができる.

```
dbinom(3, 12, 1/6)
 [1] 0.1973957
```

(2) 1 の目が出る回数が 3 以下である確率 $\Pr(X \leq 3) = F_X(3)$ は次のように求めることができる.

```
pbinom(3, 12, 1/6)
 [1] 0.8748219
```

(3) 1 の目が出る回数が 3 より大きい確率 $\Pr(X > 3)$ は次のように求めることができる.

```
pbinom(3, 12, 1/6, lower.tail=F)
 [1] 0.1251781
```

(4) 1 の目が出る回数が x 以下である確率 $\Pr(X \leq x)$ が 0.874 となるような x は次のように求めることができる.

```
qbinom(0.874, 12, 1/6)
 [1] 3
```

(5) 1 の目が出る回数が x より大きい確率 $\Pr(X > x)$ が 0.126 となるような x は次のように求めることができる.

```
qbinom(0.126, 12, 1/6, lower.tail=F)
 [1] 3
```

(6) $\mathrm{Bin}(12,1/6)$ の確率関数 $p_X(x)$ のグラフを描くことができる（図 6.2）.

```
plot(dbinom(0:12,12,1/6), type="h", xlim=c(0,12),
    xlab="x", ylab="p(x)")
```

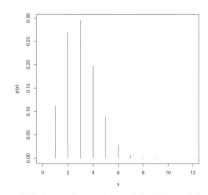

図 **6.2** 二項分布 $\mathrm{Bin}(12,1/6)$ の確率関数 $p_X(x)$ のグラフ

(7) $\mathrm{Bin}(12, 1/6)$ に従う 10 個の疑似データを生成できる.

```
rbinom(10, 12, 1/6)
 [1] 4 0 3 1 4 1 1 1 1 3
```

なお，これはサイコロを 12 回投げて 1 の目が出た回数を調べる実験を 10 回繰り返すことに対応する．また，出力結果は常に上記に記載された生成データに一致するとは限らない．疑似乱数は R 起動時に初期化され，毎回異なった乱数が発生されることに注意する．乱数を再現したい場合は，rbinom() の前に set.seed() によりシード値を指定すればよい.

```
set.seed(69)
rbinom(10, 12, 1/6)
 [1] 2 3 2 3 1 3 1 3 1 0
```

set.seed(69) における 69 は乱数の種であり，任意の整数を指定することができる. □

6.2 ポアソン分布

ある交差点で事故が起こる確率を考える．その交差点では，交通量にかかわらず毎年約 2 件の事故が起こっている．また，交差点を通る台数は毎年 1,000 台ずつ増えているとする．1 年目の交差点の利用台数は $n = 1000$ として，1 年目の 1 年間に事故が起こる確率は $p = 2/1000 = 0.002$ であるので，1 年目の 1 年間に事故の件数 X_1 はパラメータ $(1000, 0.002)$ の二項分布に従うことがわかる，つまり，$X_1 \sim \mathrm{Bin}(n, p)$ である．また，2 年目の 1 年間の交差点の利用台数は $n = 2000$ であり，1 年間に事故が起こる確率は $p = 2/2000 = 0.001$ である．つまり，2 年目の 1 年間に事故の件数 X_2 は $(2000, 0.001)$ の二項分布に従う．さらに，10 年目の 1 年間に 1 年間の交差点の利用台数は $n = 10000$ であり，1 年間に事故が起こる確率は $p = 2/10000 = 0.0002$ となる．つまり，2 年目の 1 年間に事故の件数 X_{10} は $(10000, 0.0002)$ の二項分布に従う．このとき，どの年も起こる事故の平均件数は $np = 2$ のままであることがわかる．

このように p は非常に小さく，n は非常に大きいが，np の値はある正の実数値であるような状況のもとで，二項分布の確率関数はどのようになるかを考える．このような状況は，以下の仮定（A）として表すことができる.

(A) $p = p(n)$ は $0 < p < 1$ を満たす n の関数とする．このとき，適当な $\lambda > 0$ が存在して $\lim_{n \to \infty} np = \lambda$ を満たす.

ここからは，仮定 (A) の下で，二項分布の確率関数の極限

$$\lim_{n \to \infty} p_X(x) = \lim_{n \to \infty} {}_n\mathrm{C}_x \times p^x (1 - p)^{n-x}$$

について考える. 確率関数 $p_X(x)$ は,

$$p_X(x) = \frac{1}{x!} \times \prod_{y=1}^{x-1} \left(1 - \frac{y}{n}\right) \times (np)^x \times \left(1 - \frac{np}{n}\right)^n \times \left(1 - \frac{np}{n}\right)^{-x} \tag{6.1}$$

と変形することができる. 仮定 (A) の下で次の極限に関する結果が成り立つ. 任意の自然数 x, y に対して,

$$\lim_{n \to \infty} \left(1 - \frac{y}{n}\right) = 1, \tag{6.2}$$

$$\lim_{n \to \infty} (np)^x = \lambda^x, \tag{6.3}$$

$$\lim_{n \to \infty} \left(1 - \frac{np}{n}\right)^n = \lim_{n \to \infty} \left\{ \frac{\left(1 + \frac{1}{M_n}\right)^{-1}}{\left(1 + \frac{1}{M_n}\right)^{M_n}} \right\}^{np} = e^{-\lambda}, \tag{6.4}$$

$$\lim_{n \to \infty} \left(1 - \frac{np}{n}\right)^{-x} = 1 \tag{6.5}$$

が成り立つ. ただし, $M_n = n(1-p)/(np)$ であり, $n \to \infty$ のとき $M_n \to \infty$ である. (6.2) から (6.5) を (6.1) の各項へ対応させれば, 以下の結果を得ることができる.

定理 6.1　二項分布のポアソン近似

仮定 (A) の下で

$$\lim_{n \to \infty} p_X(x) = \frac{\lambda^x e^{-\lambda}}{x!}$$

が成立する. この右辺の式がポアソン分布の確率関数である.

　これまでの議論から, ある一定期間内に起こる事故件数を確率変数 X で表すとその確率関数はポアソン分布に従うことがわかった. このように, n が非常に大きく, p が非常に小さいようなデータに対しては, 二項分布を仮定するよりもポアソン分布を仮定する方がよい場合が多い. 他にも, いたずら電話の件数, ある病気による死亡者数, 窓口の来店人数など様々な応用が存在する.

　ポアソン分布の確率関数を以下にまとめておく.

定義 6.2　ポアソン分布

起こる確率がきわめて低い事故が, ある一定期間内に起こる件数を確率変数 X で表すと, その確率関数は

$$p_X(x) = \begin{cases} \dfrac{\lambda^x e^{-\lambda}}{x!} & x \in \{0, 1, \dots\} \\ 0 & その他 \end{cases}$$

となる．このような確率分布を**強度 λ を持つポアソン分布**と呼び，$\mathrm{Po}(\lambda)$ と表す．なお，確率変数 X が強度 λ のポアソン分布に従うことを $X \sim \mathrm{Po}(\lambda)$ と表す．

確率関数の x に関する総和が 1 になることは，$f(\lambda) = e^{\lambda}$ のマクローリン展開[5]が

$$e^{\lambda} = 1 + \lambda + \frac{\lambda^2}{2!} + \frac{\lambda^3}{3!} + \cdots$$

であることからわかる．

◆ **例題 6.3　ポアソン分布の期待値と分散** ◆

X がポアソン分布 $\mathrm{Po}(\lambda)$ に従うとき，以下の問いに答えよ．

(1) X の期待値 $\mathrm{E}(X)$ を求めよ．
(2) $X(X-1)$ の期待値 $\mathrm{E}\{X(X-1)\}$ を求めよ．
(3) X の分散 $\mathrm{Var}(X)$ を求めよ．

【解答】

(1) $x! = x(x-1)!$ に注意すると，

$$\mathrm{E}(X) = \sum_{x=0}^{\infty} x p_X(x) = \sum_{x=0}^{\infty} x \frac{\lambda^x e^{-\lambda}}{x!} = \lambda \sum_{x=1}^{\infty} \frac{\lambda^{x-1} e^{-\lambda}}{(x-1)!} = \lambda \sum_{\tilde{x}=0}^{\infty} \frac{\lambda^{\tilde{x}} e^{-\lambda}}{\tilde{x}!}$$

ここで，$\tilde{x} = x - 1$ としている．定義 4.2 より，

$$\sum_{\tilde{x}=0}^{\infty} \frac{\lambda^{\tilde{x}} e^{-\lambda}}{\tilde{x}!} = \sum_{x=0}^{\infty} p_X(x) = 1 \tag{6.6}$$

であるから，$\mathrm{E}(X) = \lambda$ を得る．

(2) $x! = x(x-1)(x-2)!$ に注意すると，以下のように期待値を導出することができる．

$$\begin{aligned} \mathrm{E}\{X(X-1)\} &= \sum_{x=0}^{\infty} x(x-1) p_X(x) = \sum_{x=0}^{\infty} x(x-1) \frac{\lambda^x e^{-\lambda}}{x!} \\ &= \lambda^2 \sum_{x=2}^{\infty} \frac{\lambda^{x-2} e^{-\lambda}}{(x-2)!} = \lambda^2 \sum_{\tilde{x}=0}^{\infty} \frac{\lambda^{\tilde{x}} e^{-\lambda}}{\tilde{x}!} \end{aligned}$$

ここで，$\tilde{x} = x - 2$ としている．(6.6) より，$\mathrm{E}\{X(X-1)\} = \lambda^2$ を得る．

---

[5] 無限回微分可能な関数 $f(x)$ について，$f(x) = \sum_{n=0}^{\infty} f^{(n)}(0) x^n / n!$ を $f(x)$ のマクローリン展開という．ただし，$f^{(n)}(x)$ は $f(x)$ の n 次導関数である．

(3) (1) および (2) より，以下のように分散を導出することができる．

$$\text{Var}(X) = \text{E}\{X(X-1)\} + \text{E}(X) - \{\text{E}(X)\}^2 = \lambda^2 + \lambda - \lambda^2 = \lambda \qquad \square$$

ポアソン分布に従う確率変数 X に関する確率関数のグラフ，確率，分位点，疑似データ生成を R で算出する方法を以下にまとめておく．

R コマンド6.2　ポアソン分布

それぞれの関数の引数 lambda はポアソン分布 $\text{Po}(\lambda)$ の強度パラメータ λ に対応する．

(1) 確率関数 $p_X(x)$: dpois(x, lambda)．引数 x は確率関数 $p_X(x)$ の x に対応する．

(2) 分布関数 $F_X(x) = \text{Pr}(X \leq x)$: ppois(x, lambda)．引数 x は分布関数 $F_X(x)$ の x に対応する．

(3) 上側確率 $\text{Pr}(X > x)$: ppois(x, lambda, lower.tail=F)．引数 x は確率 $\text{Pr}(X > x)$ の x に対応する．

(4) 分布関数の逆関数 $F_X^{-1}(a)$: qpois(a, lambda)．引数 a は $F_X^{-1}(a)$ の a に対応するため，0 より大きく 1 未満の値を入力する．

(5) 上側確率 $\text{Pr}(X > x) = a$ を満たす x : qpois(a, lambda, lower.tail=F)．引数 a は $\text{Pr}(X > x) = a$ の a に対応するため，0 より大きく 1 未満の値を入力する．

(6) 確率関数 $p_X(x)$，$0 \leq x \leq b$ のグラフ : plot(dpois(0:b, lambda), type="h", xlim=c(0,b), xlab="x", ylab="p(x)")．

(7) $\text{Po}(\lambda)$ に従う s 個の疑似データ生成 : rpois(s, lambda)．引数 s には発生させたい乱数の個数を入力する．

それでは，R コマンドを実装してみよう．

◆ 例題6.4　ポアソン分布 ◆

ポアソン分布に従う確率変数 $X \sim \text{Po}(1)$ について，以下の問いに答えよ．

(1) X が 3 のときの確率を求めよ．

(2) X が 3 以下である確率を求めよ．

(3) X が 3 より大きい確率を求めよ．

(4) X が x 以下である確率が 0.981 となるような x を求めよ．

(5) X が x より大きい確率が 0.019 となるような x を求めよ．

(6) $\text{Po}(1)$ の確率関数 $p_X(x)$ $(0 \leq x \leq 5)$ のグラフを作成せよ．

(7) $\text{Po}(1)$ に従う 10 個の疑似データを生成せよ．

【解答】 R コマンド 6.2 の各関数を利用する.

(1) X が 3 のときの確率 $\Pr(X = 3) = p_X(3)$ は次のように求めることができる.

```
dpois(3, 1)
 [1] 0.06131324
```

(2) X が 3 以下である確率 $\Pr(X \leq 3) = F_X(3)$ は次のように求めることができる.

```
ppois(3, 1)
 [1] 0.9810118
```

(3) X が 3 より大きい確率 $\Pr(X > 3)$ は次のように求めることができる.

```
ppois(3, 1, lower.tail=F)
 [1] 0.01898816
```

(4) X が x 以下である確率 $\Pr(X \leq x)$ が 0.981 となるような x は次のように求めることができる.

```
qpois(0.981, 1)
 [1] 3
```

(5) X が x より大きい確率 $\Pr(X > x)$ が 0.019 となるような x は次のように求めることができる.

```
qpois(0.019, 1, lower.tail=F)
 [1] 3
```

(6) Po(1) の確率関数 $p_X(x)$ のグラフを 0 以上 5 以下の範囲で描くことができる (図 6.3).

```
plot(dpois(0:5, 1), type="h", xlim=c(0,5), xlab="x", ylab="p(x)")
```

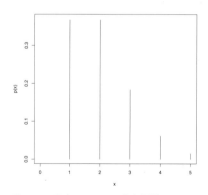

図 **6.3** ポアソン分布 Po(1) の確率関数 $p_X(x)$ のグラフ

(7) Po(1) に従う 10 個の疑似データを生成できる.

```
set.seed(69)
rpois(10, 1)
 [1] 1 2 1 2 1 2 0 2 0 0
```

演習問題

問題 6.1　ある打者の打率（ヒットを打つ確率）が 1/3 であったとする．この打者が 100 回打席に立ったときにヒットを打つ回数を X とする．ただし，打席に立ったときの結果はヒットを打つか打たないかの 2 通りしかないものとする．このとき，以下の問いに答えよ．

(a)　R を用いて X の確率関数のグラフを描きなさい．

(b)　ある打者が 100 打席中 30 本以上ヒットを打つ確率を求めよ．

(c)　ある打者が 100 打席中 20 本以上 30 本未満ヒットを打つ確率を求めよ．

問題 6.2　ある交差点では，1 年間に平均 4 件の交通事故が発生している．この交差点での交通事故件数がポアソン分布に従うとすると，1 年間の交通事故件数の標準偏差を求めよ．

問題 6.3🐾　袋の中に N 個の玉があり，L 個が赤玉，残り M 個が白玉であるとするとき，n 個の玉を同時に取り出したとき赤玉の数を確率変数 X で表すとき，X はパラメータ N, L, n を持つ超幾何分布に従うといい，その確率関数は，

$$p_X(x) = \frac{{}_L\mathrm{C}_x \,\, {}_M\mathrm{C}_{n-x}}{{}_N\mathrm{C}_n}, \quad x \in \{\max\{0, n-M\}, \ldots, \min\{n, L\}\}$$

で与えられる．このとき，以下の問いに答えよ．

(a)　$\sum_{x=0}^{\infty} p_X(x) = 1$ となることを示せ．

(b)　期待値 $\mathrm{E}(X)$ を求めよ．

(c)　分散 $\mathrm{Var}(X)$ を求めよ．

問題 6.4🐾　表が出る確率が p であるコインを投げて表が r 回出るまでに，裏が出る回数を確率変数 X で表すとき，X はパラメータ $p \in (0,1)$，自然数 r を持つ負の二項分布に従うといい，その確率関数は，

$$p_X(x) = {}_{r+x-1}\mathrm{C}_x \, p^r (1-p)^x, \quad x \in \{0, 1, \ldots\}$$

で与えられる．このとき，以下の問いに答えよ．

(a)　$\sum_{x=0}^{\infty} p_X(x) = 1$ となることを示せ．

(b)　期待値 $\mathrm{E}(X)$ を求めよ．

(c)　分散 $\mathrm{Var}(X)$ を求めよ．

問題 6.5🐾　X_1 と X_2 は独立であり，$X_1 \sim \mathrm{Bin}(n_1, p)$, $X_2 \sim \mathrm{Bin}(n_2, p)$ とする．このとき，$Z = X_1 + X_2$ の確率関数を求めよ．

問題 6.6🐾　X_1 と X_2 は独立であり，$X_1 \sim \mathrm{Po}(\lambda_1)$, $X_2 \sim \mathrm{Po}(\lambda_2)$ とする．このとき，$Z = X_1 + X_2$ の確率関数を求めよ．

問題 6.7🐾　X_1 と X_2 は独立であり，$X_1 \sim \mathrm{Bin}(n_1, p)$, $X_2 \sim \mathrm{Bin}(n_2, p)$ とする．このとき，$Z = X_1 + X_2 = N$ を与えた下での X_1 の条件付き確率関数を求めよ．

問題 6.8🐾　X_1 と X_2 は独立であり，$X_1 \sim \mathrm{Po}(\lambda_1)$, $X_2 \sim \mathrm{Po}(\lambda_2)$ とする．このとき，$Z = X_1 + X_2 = N$ を与えた下での X_1 の条件付き確率関数を求めよ．

問題 6.9　二項分布 $\mathrm{Bin}(n, 0.5)$ から $n = 10, 100, 1000, 100000$ ごとに乱数を 10 万回発生させて，ヒストグラムを描け．

問題 6.10🐾   二項分布 $\mathrm{Bin}(n, 1/n)$ から $n = 10, 100, 1000, 100000$ ごとに乱数を 10 万回発生させて，ヒストグラムを描け．問題 6.9 と比較せよ．

第7章

連続型確率変数の分布

本章では，連続型確率変数の分布の中でも代表的な正規分布について紹介し，その分布から派生されるカイ二乗分布，t 分布および F 分布についても紹介する．なお，各分布に対する密度関数のグラフ描画，確率の算出，分位点の算出，疑似データ生成を R で実装する方法についても紹介する．

7.1 正規分布

連続型確率変数の有名なものとして，正規分布に従う確率変数がある．正規分布は次のような理由から統計学において中心的な役割を果たす確率分布である．

- 測定を行ったときに生じる誤差等は正規分布に従うと考えられている．
- 中心極限定理により，独立に平均と分散を持つような同一分布に従う確率変数の和は，その個数が多ければ正規分布に近い分布に従う．

正規分布の定義を以下にまとめておく．

定義 7.1 正規分布

確率変数 X の平均が μ，標準偏差が σ とする．このとき，X の密度関数が

$$f_X(x) = \frac{1}{\sqrt{2\pi}\sigma} \exp\left\{-\frac{(x-\mu)^2}{2\sigma^2}\right\}, \quad -\infty < x < \infty$$

となる[1]ような確率分布を平均 μ，分散 σ^2 を持つ[2]正規分布と呼び，$\mathcal{N}(\mu, \sigma^2)$ と表す．なお，確率変数 X が平均 μ，分散 σ^2 を持つ正規分布に従うことを $X \sim \mathcal{N}(\mu, \sigma^2)$ と表す．特に，平均が $\mu = 0$ かつ分散が $\sigma^2 = 1$ である正規分布 $\mathcal{N}(0, 1)$ を**標準正規分布**と呼ぶ．

---

[1]ここで，$\exp(x)$ は指数関数 e^x のことを表す．単に「イーのエックス乗」または「エクスポネンシャルエックス」と読むことが多い．

[2]この確率分布の平均が μ，分散が σ^2 になることの確認は，例題 7.1 で行う．

◆ **例題 7.1　正規分布の期待値と分散** ◆

確率変数 X が正規分布に従うとき，以下の問いに答えよ．

(1) X の期待値 $\mathrm{E}(X)$ を求めよ．

(2) X の分散 $\mathrm{Var}(X)$ を求めよ．

【解答】

(1) X の期待値は，

$$\mathrm{E}(X) = \int_{-\infty}^{\infty} (x - \mu + \mu) \frac{1}{\sqrt{2\pi}\sigma} \exp\left\{-\frac{(x-\mu)^2}{2\sigma^2}\right\} dx = \int_{-\infty}^{\infty} (x - \mu) \frac{1}{\sqrt{2\pi}\sigma} \exp\left\{-\frac{(x-\mu)^2}{2\sigma^2}\right\} dx + \mu$$

と評価できる．ここで，

$$\frac{d}{dx}\left\{\exp\left\{-\frac{(x-\mu)^2}{2\sigma^2}\right\}\right\} = -\frac{x-\mu}{\sigma^2}\exp\left\{-\frac{(x-\mu)^2}{2\sigma^2}\right\}$$

である．したがって，

$$\mathrm{E}(X) = \sigma \int_{-\infty}^{\infty} \frac{d}{dx}\left\{\frac{-1}{\sqrt{2\pi}}\exp\left\{-\frac{(x-\mu)^2}{2\sigma^2}\right\}\right\} dx + \mu = \sigma\left[\frac{-1}{\sqrt{2\pi}}\exp\left\{-\frac{(x-\mu)^2}{2\sigma^2}\right\}\right]_{-\infty}^{\infty} + \mu = \mu$$

(2) X の分散は，

$$\mathrm{Var}(X) = \int_{-\infty}^{\infty} (x-\mu)^2 \frac{1}{\sqrt{2\pi}\sigma}\exp\left\{-\frac{(x-\mu)^2}{2\sigma^2}\right\} dx$$

である．ここで，被積分関数を

$$(x-\mu) \times \left\{(x-\mu)\frac{1}{\sqrt{2\pi}\sigma}\exp\left\{-\frac{(x-\mu)^2}{2\sigma^2}\right\}\right\}$$

と考えて部分積分とすると，以下のように分散を導出することができる．

$$\mathrm{Var}(X) = \int_{-\infty}^{\infty} (x-\mu)\frac{d}{dx}\left\{\frac{-\sigma^2}{\sqrt{2\pi}\sigma}\exp\left\{-\frac{(x-\mu)^2}{2\sigma^2}\right\}\right\} dx$$

$$= \left[(x-\mu)\frac{-\sigma^2}{\sqrt{2\pi}\sigma}\exp\left\{-\frac{(x-\mu)^2}{2\sigma^2}\right\}\right]_{-\infty}^{\infty} - \int_{-\infty}^{\infty} \frac{-\sigma^2}{\sqrt{2\pi}\sigma}\exp\left\{-\frac{(x-\mu)^2}{2\sigma^2}\right\} dx$$

$$= 0 + \sigma^2 \int_{-\infty}^{\infty} \frac{1}{\sqrt{2\pi}\sigma}\exp\left\{-\frac{(x-\mu)^2}{2\sigma^2}\right\} dx = \sigma^2$$

□

正規分布の密度関数の特徴について以下にまとめておく．

正規分布の密度関数の性質

図 7.1 を参考にしながら以下の性質を確認する．

(1) 密度関数は山のような形で，山の数は 1 つ[3]．

(2) μ を中心として左右対称である．

(3) μ（中心）の周辺でデータの発生する確率（密度）が高い．

[3]このような形の分布を単峰分布と呼ぶこともある．

(4) μ（中心）から右または左の裾へいくに従ってデータの発生する確率（密度）が低くなる.

(5) 密度関数は, 平均（μ）と分散（σ^2）で形が決まる.

(6) σ が大きいほどデータのバラツキが大きく, σ が小さいほどデータのバラツキが小さくなる.

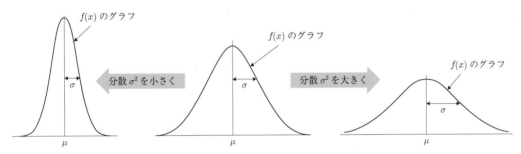

図 **7.1** 正規分布の密度関数のイメージ図.

　正規分布の特徴的な性質として, $\mathcal{N}(\mu, \sigma^2)$ から互いに独立に生成された確率変数 X_1, $X_2, \ldots, X_n$ の和 $X_1 + X_2 + \cdots + X_n$ も正規分布に従うという性質がある. この性質は, 前章で述べた二項分布と同じ性質である. 実は, 正規分布の場合は, ただの和に限らず以下のようにもう少し一般の和（$X_1, X_2, \ldots, X_n$ の線形結合）へ拡張することができる[4).

定理 7.1　正規分布に従う確率変数の線形結合

正規分布 $\mathcal{N}(\mu_i, \sigma_i^2)$ に従う確率変数を X_i と表す. さらに, $X_1, X_2, \ldots, X_n$ は互いに独立であるとする. このとき, ある定数 $a_0, a_1, \ldots, a_n$ によって作られる線形結合

$$a_0 + a_1 X_1 + a_2 X_2 + \cdots + a_n X_n$$

は, 平均が $a_0 + a_1\mu_1 + \cdots + a_n\mu_n$, 分散が $a_1^2\sigma_1^2 + a_2^2\sigma_2^2 + \cdots + a_n^2\sigma_n^2$ である正規分布に従う.

◆　**例題 7.2　標本平均の分布**　◆

$\mathcal{N}(\mu, \sigma^2)$ から互いに独立に生成された確率変数 $X_1, X_2, \ldots, X_n$ の標本平均 $\bar{X} = (X_1 + X_2 + \cdots + X_n)/n$ の従う分布を求めよ.

【解答】　定理 7.1 において, $\mu_i = \mu, \sigma_i = \sigma, a_0 = 0, a_1 = \cdots = a_n = 1/n$ とすると, $\bar{X}$ の従う分布は $\mathcal{N}(\mu, \sigma^2/n)$ とわかる. □

[4)]証明は, 例えば, [8] の定理 6.4 の証明を参照されたい.

正規分布に従う確率変数 X に関する密度関数のグラフ，確率（密度），分位点，疑似データ生成を R で算出する方法を以下にまとめておく．

R コマンド 7.1　正規分布

それぞれの関数の引数 mu と sigma は，$\mathcal{N}(\mu, \sigma^2)$ のパラメータ μ と σ に対応する．

(1) 密度関数 $f_X(x)$: dnorm(x, mu, sigma)．引数 x は密度関数 $f_X(x)$ の x に対応する．

(2) 分布関数 $F_X(x) = \Pr(X \leq x)$: pnorm(x, mu, sigma)．引数 x は分布関数 $F_X(x)$ の x に対応する．

(3) 上側確率 $\Pr(X > x)$: pnorm(x, mu, sigma, lower.tail=F)．引数 x は確率 $\Pr(X > x)$ の x に対応する．

(4) 分布関数の逆関数 $F_X^{-1}(a)$: qnorm(a, mu, sigma)．引数 a は $F_X^{-1}(a)$ の a に対応するため，0 より大きく 1 未満の値を入力する．

(5) 上側確率 $\Pr(X > x) = a$ を満たす x : qnorm(a, mu, sigma, lower.tail=F)．引数 a は $\Pr(X > x) = a$ の a に対応するため，0 より大きく 1 未満の値を入力する．

(6) 密度関数 $f_X(x)$, $a \leq x \leq b$ のグラフ : curve(dnorm(x, mu, sigma), a, b, xlab="x", ylab="y")．

(7) $\mathcal{N}(\mu, \sigma^2)$ に従う s 個の疑似データ生成 : rnorm(s, mu, sigma)．引数 s には発生させたい乱数の個数を入力する．

それでは，R コマンドを実装してみよう．

◆ 例題 7.3　標準正規分布 ◆

標準正規分布に従う確率変数 $X \sim \mathcal{N}(0,1)$ について，以下の問いに答えよ．

(1) $f_X(0)$ を求めよ．

(2) X が 1.64 以下である確率を求めよ．

(3) X が 1.64 より大きい確率を求めよ．

(4) X が x 以下である確率が 0.95 となるような x を求めよ．

(5) X が x より大きい確率が 0.05 となるような x を求めよ[5]．

(6) $\mathcal{N}(0,1)$ の密度関数 $f_X(x)$ $(-3 \leq x \leq 3)$ のグラフを作成せよ．

(7) $\mathcal{N}(0,1)$ に従う 3 個の疑似データを生成せよ．

【解答】　R コマンド 7.1 の各関数を利用する．

(1) $f_X(0)$ は次のように求めることができる．

---

[5]このように上側確率が 0.05 となる分位点を上側 0.05 点（または上側 5% 点）と呼ぶ．

```
dnorm(0, 0, 1)
 [1] 0.3989423
```

(2) X が 1.64 以下である確率 $\Pr(X \leq 1.64) = F_X(1.64)$ は次のように求めることができる.

```
pnorm(1.64, 0, 1)
 [1] 0.9494974
```

(3) X が 1.64 より大きい確率 $\Pr(X > 1.64)$ は次のように求めることができる.

```
pnorm(1.64, 0, 1, lower.tail=F)
 [1] 0.05050258
```

(4) X が x 以下である確率 $\Pr(X \leq x)$ が 0.95 となるような x は次のように求めることができる.

```
qnorm(0.95, 0, 1)
 [1] 1.644854
```

(5) X が x より大きい確率 $\Pr(X > x)$ が 0.05 となるような x は次のように求めることができる.

```
qnorm(0.05, 0, 1, lower.tail=F)
 [1] 1.644854
```

(6) $\mathcal{N}(0,1)$ の密度関数 $f_X(x)$ のグラフを -3 以上 3 以下の範囲で描くことができる (図 7.2).

```
curve(dnorm(x, 0, 1), -3, 3, xlab="x", ylab="y")
```

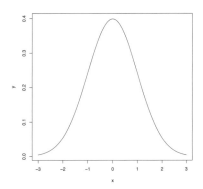

図 **7.2** 標準正規分布 $\mathcal{N}(0,1)$ の密度関数 $f_X(x)$ のグラフ

(7) $\mathcal{N}(0,1)$ に従う 3 個の疑似データを生成できる.

```
set.seed(69)
rnorm(3, 0, 1)
 [1]  0.07716537  0.37431557 -0.33481390
```

7.2 カイ二乗分布

カイ二乗分布は，ある現象へ当てはめるというより，次章で紹介する分散の区間推定や検定で活躍する分布である．カイ二乗分布の定義を以下にまとめておく．

定義 7.2 　カイ二乗分布

n を自然数とする．カイ二乗分布は，標準正規分布 $\mathcal{N}(0,1)$ に従う独立な n 個の確率変数の2乗和

$$Y = X_1^2 + X_2^2 + \cdots + X_n^2$$

の従う確率分布であり，密度関数が

$$f_Y(y) = \frac{1}{2^{n/2}\Gamma(\frac{n}{2})} y^{\frac{n}{2}-1} e^{-\frac{y}{2}}, \ 0 \le y < \infty$$

となる．このような確率分布を自由度 n のカイ二乗分布と呼び，χ_n^2 と表す．ここで $\Gamma(\cdot)$ はガンマ関数[6]と呼ばれ，

$$\Gamma(a) = \int_0^\infty e^{-x} x^{a-1} dx$$

と表される関数である．なお，確率変数 Y が自由度 n のカイ二乗分布に従うことを $Y \sim \chi_n^2$ と表す．

◆ **例題 7.4　カイ二乗分布の期待値と分散** ◆

確率変数 X が自由度 n のカイ二乗分布 χ_n^2 に従うとき，以下の問いに答えよ．

(1) k を自然数とする．このとき，X^k の期待値 $\mathrm{E}(X^k)$ を n と k を用いて表せ．

(2) X の期待値 $\mathrm{E}(X)$ を求めよ．

(3) X の分散 $\mathrm{Var}(X)$ を求めよ．

【解答】

(1) X^k の期待値は，

$$\mathrm{E}(X^k) = \int_0^\infty x^k \frac{1}{2^{\frac{n}{2}}\Gamma(\frac{n}{2})} x^{\frac{n}{2}-1} e^{-\frac{x}{2}} dx$$

である．ここで，$t = x/2$ と変換すれば，$dx/dt = 2$ となることに注意すると，上の積分は，以下のように評価することができる．

---

[6]階乗の概念を複素数全体に拡張した特殊関数である．とくに，自然数 n について，$\Gamma(n+1) = n!$ という関係がある．詳細について，例えば [23] を参照されたい．

$$\mathrm{E}(X^k) = \frac{1}{2^{\frac{n}{2}}\Gamma(\frac{n}{2})} \int_0^\infty (2t)^{\frac{n}{2}+k-1} e^{-t} 2dt = \frac{2^k}{\Gamma(\frac{n}{2})} \int_0^\infty t^{\frac{n}{2}+k-1} e^{-t} dt = \frac{2^k \Gamma(\frac{n}{2}+k)}{\Gamma(\frac{n}{2})} \tag{7.1}$$

0 と負の整数を除く任意の複素数 z に対して $\Gamma(z+1) = z\Gamma(z)$ が成り立つことを利用すると,

$$\Gamma\left(\frac{n}{2}+k\right) = \left(\frac{n}{2}+k-1\right) \times \left(\frac{n}{2}+k-2\right) \times \cdots \times \frac{n}{2}\Gamma\left(\frac{n}{2}\right) \tag{7.2}$$

である. (7.2) を (7.1) へ代入することで, 以下のように評価できる.

$$\mathrm{E}(X^k) = n \times (n+2) \times \cdots \times (n+2k-2)$$

(2) (1) において $k=1$ とすれば, $\mathrm{E}(X) = n$.

(3) (1) において $k=2$ とすれば, $\mathrm{E}(X^2) = n(n+2)$ である. したがって, $\mathrm{Var}(X) = \mathrm{E}(X^2) - \{\mathrm{E}(X)\}^2 = n(n+2) - n^2 = 2n$. □

カイ二乗分布の密度関数の特徴について以下にまとめておく.

カイ二乗分布の密度関数の性質

図 7.3 を参考にしながら以下の性質を確認する.

(1) 密度関数を決めるには自由度 n が必要である. 図 7.3 は, 自由度が 2, 5, 10 である場合のカイ二乗分布の密度関数 (実線, 点線, 太線) を表している. このように, 自由度によって形が異なる分布であり, 自由度 n が大きくなるに連れてグラフの形状が左右対称に近づく[7].

(2) 密度関数は, 非負の実数全体 $(0 \le y)$ で定義される.

(3) 平均に対して常に非対称である.

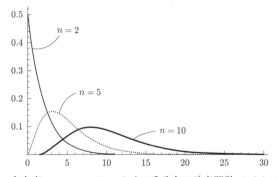

図 **7.3** 自由度 $n = 2, 5, 10$ のカイ二乗分布の確率関数 $f_Y(x)$ のグラフ

---

[7] 自由度 $n \to \infty$ とすると, Y を標準化した確率変数は $\mathcal{N}(0,1)$ に分布収束する. 分布収束に関しての詳しい説明は [10, 12] などを参照されたい.

カイ二乗分布に従う確率変数 Y に関する密度関数のグラフ，確率（密度），分位点，疑似データ生成を R で算出する方法を以下にまとめておく．

R コマンド 7.2　カイ二乗分布

それぞれの関数の引数 n は χ_n^2 の自由度 n に対応する．

(1) 密度関数 $f_Y(y)$: dchisq(y, n). 引数 y は密度関数 $f_Y(y)$ の y に対応する．

(2) 分布関数 $F_Y(y) = \Pr(Y \leq y)$: pchisq(y, n). 引数 y は分布関数 $F_Y(y)$ の y に対応する．

(3) 上側確率 $\Pr(Y > y)$: pchisq(y, n, lower.tail=F). 引数 y は確率 $\Pr(Y > y)$ の y に対応する．

(4) 分布関数の逆関数 $F_Y^{-1}(a)$: qchisq(a, n). 引数 a は $F_Y^{-1}(a)$ の a に対応するため，0 より大きく 1 未満の値を入力する．

(5) 上側確率 $\Pr(Y > y) = a$ を満たす y : qchisq(a, n, lower.tail=F). 引数 a は $\Pr(Y > y) = a$ の a に対応するため，0 より大きく 1 未満の値を入力する．

(6) 密度関数 $f_Y(x)$, $a \leq x \leq b$ のグラフ : curve(dchisq(x, n), a, b, xlab="x", ylab="y").

(7) χ_n^2 に従う s 個の疑似データ生成 : rchisq(s, n). 引数 s には発生させたい乱数の個数を入力する．

それでは，R コマンドを実装してみよう．

◆ 例題 7.5　自由度 2 のカイ二乗分布 ◆

自由度 2 のカイ二乗分布に従う確率変数 $Y \sim \chi_2^2$ について，以下の問いに答えよ．

(1) $f_Y(1)$ を求めよ．

(2) Y が 5.99 以下である確率を求めよ．

(3) Y が 5.99 より大きい確率を求めよ．

(4) Y が y 以下である確率が 0.95 となるような y を求めよ．

(5) Y が y より大きい確率が 0.05 となるような y を求めよ．

(6) 自由度 2 のカイ二乗分布の密度関数 $f_Y(x)$ $(0 \leq x \leq 10)$ のグラフを作成せよ．

(7) 自由度 2 のカイ二乗分布に従う 3 個の疑似データを生成せよ．

【解答】　R コマンド 7.2 の各関数を利用する．

(1) $f_Y(1)$ は次のように求めることができる．

```
dchisq(1, 2)
 [1] 0.3032653
```

(2) Y が 5.99 以下である確率 $\Pr(Y \leq 5.99) = F_Y(5.99)$ は次のように求めることができる.

```
pchisq(5.99, 2)
 [1] 0.9499634
```

(3) Y が 5.99 より大きい確率 $\Pr(Y > 5.99)$ は次のように求めることができる.

```
pchisq(5.99, 2, lower.tail=F)
 [1] 0.05003663
```

(4) Y が y 以下である確率 $\Pr(Y \leq y)$ が 0.95 となるような y は次のように求めることができる.

```
qchisq(0.95, 2)
 [1] 5.991465
```

(5) Y が y より大きい確率 $\Pr(Y > y)$ が 0.05 となるような y は次のように求めることができる.

```
qchisq(0.05, 2, lower.tail=F)
 [1] 5.991465
```

(6) χ_2^2 の密度関数 $f_Y(x)$ のグラフを 0 以上 10 以下の範囲で描くことができる（図 7.4）.

```
curve(dchisq(x, 2), 0, 10, xlab="x", ylab="y")
```

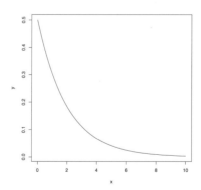

図 **7.4** 自由度 2 のカイ二乗分布の確率関数 $f_Y(x)$ のグラフ

(7) χ_2^2 に従う 3 個の疑似データを生成できる.

```
set.seed(69)
rchisq(3, 2)
 [1] 1.1121056 1.5994182 0.5825518
```

7.3 t分布

　t分布は1908年にウィリアム・シーリー・ゴセット[8]により発見された．その後，ロナルド・フィッシャー[9]がこの論文の重要性を見抜きスチューデントのt分布と呼んだため，今日このように呼ばれるようになった．t分布は，次章で紹介する平均の区間推定やt検定で主に活躍する分布である．

　t分布の定義を以下にまとめておく．

定義 7.3 **t分布**

nを自然数とする．$Z \sim \mathcal{N}(0,1)$, $W \sim \chi_n^2$, ZとWは独立とする．このとき，t分布は

$$T = \frac{Z}{\sqrt{W/n}}$$

の従う確率分布であり，密度関数が

$$f_T(t) = \frac{1}{n^{1/2} B\left(\frac{n}{2}, \frac{1}{2}\right)} \left(1 + \frac{t^2}{n}\right)^{-\frac{n+1}{2}}, \quad -\infty < t < \infty$$

となる[10]．このような確率分布を自由度nの**t分布**と呼び，t_nと表す．ここで$B(a,b)$はベータ関数[11]と呼ばれ，

$$B(a,b) = \int_0^1 x^{a-1}(1-x)^{b-1}dx$$

と表される関数である．なお，確率変数Tが自由度nのt分布に従うことを$T \sim t_n$と表す．

◆　**例題 7.6　t分布の期待値と分散**　◆

確率変数Tが自由度nのt分布t_n^2に従うとき，以下の問いに答えよ．

(1) Wが自由度nのカイ二乗分布に従うとき，$\mathrm{E}\{(n/W)^{k/2}\}$を求めよ．

(2) Tの期待値$\mathrm{E}(T)$を求めよ．ただし，$n > 1$とする．

(3) Tの期待値$\mathrm{Var}(T)$を求めよ．ただし，$n > 2$とする．

---

[8]1876年6月13日生，1937年10月16日没．1899年にギネスビール社に就職し，統計学を醸造と農業に応用しながら実地の研究を重ねた．ギネスビールでは秘密保持のため従業員による科学論文の公表を禁止していたため，この問題を回避するため「スチューデント」というペンネームで論文を発表した．

[9]1890年2月17日生，1962年7月29日没．英国の統計学者，遺伝学者であり，元ケンブリッジ大学教授である．推測統計学，推計学を確立させ，近代統計学の基礎を築いた．

[10]定義から密度関数の導出の方法については，[12] を参照されたい．

[11]ベータ関数とは，ルジャンドルの定義に従って第一種オイラー積分とも呼ばれる特殊関数である．ガンマ関数と関係し，$B(a,b) = \Gamma(a)\Gamma(b)/\Gamma(a+b)$となる関係がある．詳細について，例えば，[23] を参照されたい．

【解答】

(1) $n > k$ を満たすような自然数 k に対して，$(n/W)^{k/2}$ の期待値は，

$$\mathrm{E}\left\{\left(\frac{n}{W}\right)^{\frac{k}{2}}\right\} = \int_0^\infty n^{\frac{k}{2}} w^{-\frac{k}{2}} \frac{1}{2^{\frac{n}{2}}\Gamma(\frac{n}{2})} w^{\frac{n}{2}-1} e^{-\frac{w}{2}} dw$$

である．ここで，$t = w/2$ と変換すれば，$dw/dt = 2$ となることに注意すると，上の積分は，以下のように評価できる．

$$\mathrm{E}\left\{\left(\frac{n}{W}\right)^{\frac{k}{2}}\right\} = \frac{n^{\frac{k}{2}}}{\Gamma(\frac{n}{2})2^{\frac{k}{2}}} \int_0^\infty t^{\frac{n-k}{2}-1} e^{-t} dt = \frac{\Gamma\left(\frac{n-k}{2}\right) n^{\frac{k}{2}}}{\Gamma\left(\frac{n}{2}\right) 2^{\frac{k}{2}}}$$

(2) $Z \sim \mathcal{N}(0,1)$, $W \sim \chi_n^2$, Z と W は独立とする．このとき，

$$T = \frac{Z}{\sqrt{W/n}}$$

であることに注意する．Z と W は独立であるから，$\mathrm{E}(T) = \mathrm{E}(Z \times \sqrt{n/W}) = \mathrm{E}(Z)\mathrm{E}(\sqrt{n/W})$ である．$\mathrm{E}(Z) = 0$ より，$\mathrm{E}(T) = 0$ である．

(3) (2) と同様に，Z と W は独立であるから，$\mathrm{E}(T^2) = \mathrm{E}(Z^2 \times n/W) = \mathrm{E}(Z^2)\mathrm{E}(n/W)$ である．$\mathrm{E}(Z^2) = 1$，(1) より $\mathrm{E}(n/W) = n/(n-2)$ かつ (2) より $\mathrm{E}(T) = 0$ なので，$\mathrm{Var}(T) = \mathrm{E}(T^2) = n/(n-2)$ となる． $\square$

t 分布の密度関数の特徴について以下にまとめておく．

---

t 分布の密度関数の性質

図 7.5 を参考にしながら以下の性質を確認する．

(1) 密度関数を決めるには自由度 n が必要である．図 7.5 は，自由度が 1, 3, 100 である場合の t 分布の密度関数（実線，点線，太線）を表している．このように，自由度によって形が異な

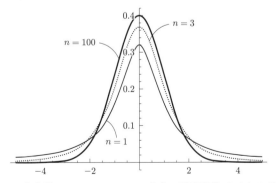

図 7.5 自由度 $n = 1, 3, 100$ の t 分布の確率関数 $f_T(x)$ のグラフ

る分布であり，自由度 n が大きくなるに連れてグラフの形状が標準正規分布に近づく．

(2) 密度関数は，実数全体 $-\infty < t < \infty$ で定義される．

(3) 原点に対して常に対称である．

t 分布に従う確率変数 T に関する密度関数のグラフ，確率（密度），分位点，疑似データ生成を R で算出する方法を以下にまとめておく．

R コマンド7.3　t 分布

それぞれの関数の引数 n は t 分布 t_n の自由度 n に対応している．

(1) 密度関数 $f_T(t)$: dt(t, n). 引数 t は密度関数 $f_T(t)$ の t に対応する．

(2) 分布関数 $F_T(t) = \Pr(T \le t)$: pt(t, n). 引数 t は分布関数 $F_T(t)$ の t に対応する．

(3) 上側確率 $\Pr(T > t)$: pt(t, n, lower.tail=F). 引数 t は確率 $\Pr(T > t)$ の t に対応する．

(4) 分布関数の逆関数 $F_T^{-1}(a)$: qt(a, n). 引数 a は $F_T^{-1}(a)$ の a に対応するため，0 より大きく 1 未満の値を入力する．

(5) 上側確率 $\Pr(T > t) = a$ を満たす t : qt(a, n, lower.tail=F). 引数 a は $\Pr(T > t) = a$ の a に対応するため，0 より大きく 1 未満の値を入力する．

(6) 密度関数 $f_T(x)$, $a \le x \le b$ のグラフ : curve(dt(x, n), a, b, xlab="x", ylab="y").

(7) t_n に従う s 個の疑似データ生成 : rt(s, n). 引数 s には発生させたい乱数の個数を入力する．

それでは，R コマンドを実装してみよう．

◆ 例題 7.7　自由度 2 の t 分布 ◆

自由度 2 の t 分布に従う確率変数 $T \sim t_2$ について，以下の問いに答えよ．

(1) $f_T(0)$ を求めよ．

(2) T が 2.92 以下である確率を求めよ．

(3) T が 2.92 より大きい確率を求めよ．

(4) T が t 以下である確率が 0.95 となるような t を求めよ．

(5) T が t より大きい確率が 0.05 となるような t を求めよ．

(6) 自由度 2 の t 分布の密度関数 $f_T(x)$ $(-4 \le x \le 4)$ のグラフを作成せよ．

(7) 自由度 2 の t 分布に従う 3 個の疑似データを生成せよ．

【解答】 R コマンド 7.3 の各関数を利用する.

(1) $f_T(0)$ は次のように求めることができる.

```
dt(0, 2)
 [1] 0.3535534
```

(2) T が 2.92 以下である確率 $\Pr(T \le 2.92) = F_T(2.92)$ は次のように求めることができる.

```
pt(2.92, 2)
 [1] 0.9500004
```

(3) T が 2.92 より大きい確率 $\Pr(T > 2.92)$ は次のように求めることができる.

```
pt(2.92, 2, lower.tail=F)
 [1] 0.04999958
```

(4) T が t 以下である確率 $\Pr(T \le t)$ が 0.95 となるような t は次のように求めることができる.

```
qt(0.95, 2)
 [1] 2.919986
```

(5) T が t より大きい確率 $\Pr(T > t)$ が 0.05 となるような t は次のように求めることができる.

```
qt(0.05, 2, lower.tail=F)
 [1] 2.919986
```

(6) t_2 の密度関数 $f_T(x)$ のグラフを -4 以上 4 以下の範囲で描くことができる（図 7.6）.

```
curve(dt(x, 2), -4, 4, xlab="x", ylab="y")
```

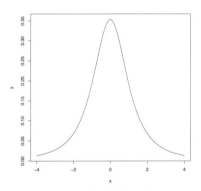

図 **7.6** 自由度 2 の t 分布の確率関数 $f_T(x)$ のグラフ

(7) t_2 に従う 3 個の疑似データを生成できる.

```
set.seed(69)
rt(3, 2)
 [1]  0.0862892 -1.4421545 -3.8433399
```

□

7.4 F 分布

F 分布は，ロナルド・フィッシャーに由来があり，次章で紹介する分散の区間推定や F 検定で主に活躍する分布である．

F 分布の密度関数を以下にまとめておく．

定義7.4 F 分布

m, n を自然数とする．$X \sim \chi_m^2$，$Y \sim \chi_n^2$，X と Y は独立とする．このとき，F 分布は

$$F = \frac{X/m}{Y/n}$$

の従う確率分布であり，密度関数が

$$f_F(f) = \frac{(m/n)^{\frac{m}{2}}}{B(\frac{m}{2}, \frac{n}{2})} f^{\frac{m}{2}-1} \left(1 + \frac{m}{n} f\right)^{-\frac{m+n}{2}}, \ 0 \leq f < \infty$$

となる．このような確率分布を自由度 (m, n) の **F 分布** と呼び，$F_{m,n}$ と表す．なお，確率変数 F が自由度 (m, n) の F 分布に従うことを $F \sim F_{m,n}$ と表す．

◆ **例題7.8 F 分布の期待値と分散** ◆

確率変数 F が自由度 (m, n) の F 分布 $F_{m,n}$ に従うとき，以下の問いに答えよ．

(1) X が自由度 m のカイ二乗分布に従うとき，$E\{(X/m)^k\}$ を求めよ．

(2) Y が自由度 n のカイ二乗分布に従うとき，$E\{(n/Y)^k\}$ を求めよ．

(3) F の期待値 $E(F)$ を求めよ．

(4) F の期待値 $\mathrm{Var}(F)$ を求めよ．

【解答】

(1) 例題 7.4(1) と同様の計算を行うことで，

$$E\left(\frac{X^k}{m^k}\right) = \frac{m \times (m+2) \times \cdots \times (m+2k-2)}{m^k}$$

(2) 例題 7.6(1) と同様の計算を行うことで，

$$E\left(\frac{n^k}{Y^k}\right) = \frac{\Gamma(\frac{n}{2}-k)n^k}{\Gamma(\frac{n}{2})2^k} = \frac{n^k}{(n-2) \times (n-4) \times \cdots \times (n-2k)}$$

(3) X と Y は独立とすると $X \sim \chi_m^2$，$Y \sim \chi_n^2$ より，

$$F = \frac{X/m}{Y/n}$$

である．したがって，

$$\mathrm{E}(F^k) = \mathrm{E}\left(\frac{X^k}{m^k}\right)\mathrm{E}\left(\frac{n^k}{Y^k}\right) = \frac{n^k m \times (m+2) \times \cdots \times (m+2k-2)}{m^k(n-2) \times (n-4) \times \cdots \times (n-2k)} \tag{7.3}$$

である. (7.3) において $k = 1$ とすると, $\mathrm{E}(F) = n/(n-2)$ となる.

(4) (7.3) において, $k = 2$ とすると $\mathrm{E}(F^2) = (m+2)n^2/\{m(n-2)(n-4)\}$. よって, $\mathrm{Var}(F) = \mathrm{E}(F^2) - \{\mathrm{E}(F)\}^2 = 2(m+n-2)n^2/\{m(n-2)^2(n-4)\}$ となる. □

F 分布の密度関数の特徴について以下にまとめておく.

> **F 分布の密度関数の性質**
>
> 図 7.7 を参考にしながら以下の性質を確認する.
>
> (1) 密度関数を決めるには自由度 (m, n) が必要である. 図 7.7 は, 自由度 $m = 10, n = 2, 5, 10$ である場合の F 分布の密度関数 (実線, 点線, 太線) を表しており, 自由度によって形が異なる分布であることがわかる.
> (2) 密度関数は, 非負の実数全体 $(0 \leq f)$ で定義される.
> (3) 平均に対して常に非対称である.

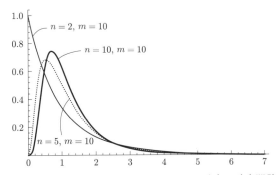

図 7.7 自由度 $(n, m) = \{(2, 10), (5, 10), (10, 10)\}$ の F 分布の確率関数 $f_F(x)$ のグラフ

F 分布に従う確率変数 F に関する密度関数のグラフ, 確率 (密度), 分位点, 疑似データ生成を R で算出する方法を以下にまとめておく.

> **R コマンド 7.4 F 分布**
>
> それぞれの関数の引数 m と引数 n は $F_{m,n}$ の自由度 (m, n) に対応している.
>
> (1) 密度関数 $f_F(f)$: df(f, m, n). 引数 f は関数 $f_F(f)$ の f に対応する.
> (2) 分布関数 $F_F(f) = \mathrm{Pr}(F \leq f)$: pf(f, m, n). 引数 f は分布関数 $F_F(f)$ の f に対応する.
> (3) 上側確率 $\mathrm{Pr}(F > f)$: pf(f, m, n, lower.tail=F). 引数 f は確率関数 $\mathrm{Pr}(F > f)$ の f に対応する.

(4) 分布関数の逆関数 $F_F^{-1}(a)$：qf(a, m, n). 引数 a は $F_F^{-1}(a)$ の a に対応するため，0 より大きく 1 未満の値を入力する.

(5) 上側確率 $\Pr(F > f) = a$ を満たす f：qf(a, m, n, lower.tail=F). 引数 a は $\Pr(F > f) = a$ の a に対応するため，0 より大きく 1 未満の値を入力する.

(6) 密度関数 $f_F(x)$, $a \leq x \leq b$ のグラフ：curve(df(x, m, n), a, b, xlab="x", ylab="y").

(7) $F_{m,n}$ に従う s 個の疑似データ生成：rf(s, m, n). 引数 s には発生させたい乱数の個数を入力する.

それでは，R コマンドを実装してみよう.

◆ **例題 7.9 自由度 $(2, 2)$ の F 分布** ◆

自由度 $(2, 2)$ の F 分布に従う確率変数 $F \sim F_{2,2}$ について，以下の問いに答えよ.

(1) $f_F(1)$ を求めよ.

(2) F が 19 以下である確率を求めよ.

(3) F が 19 より大きい確率を求めよ.

(4) F が f 以下である確率が 0.95 となるような f を求めよ.

(5) F が f より大きい確率が 0.05 となるような f を求めよ.

(6) 自由度 $(2, 2)$ の F 分布の密度関数 $f_F(x)$ $(0 \leq x \leq 10)$ のグラフを作成せよ.

(7) 自由度 $(2, 2)$ の F 分布に従う 3 個の疑似データを生成せよ.

【解答】 R コマンド 7.4 の各関数を利用する.

(1) $f_F(1)$ は次のように求めることができる.

```
df(1, 2, 2)
 [1] 0.25
```

(2) F が 19 以下である確率 $\Pr(F \leq 19) = F_F(19)$ は次のように求めることができる.

```
pf(19, 2, 2)
 [1] 0.95
```

(3) F が 19 より大きい確率 $\Pr(F > 19)$ は次のように求めることができる.

```
pf(19, 2, 2, lower.tail=F)
 [1] 0.05
```

(4) F が f 以下である確率 $\Pr(F \leq f)$ が 0.95 となるような f は次のように求めることができる.

```
qf(0.95, 2, 2)
 [1] 19
```

(5) F が f より大きい確率 $\Pr(F > f)$ が 0.05 となるような f は次のように求めることができる.

```
qf(0.05, 2, 2, lower.tail=F)
 [1] 19
```

(6) $F_{2,2}$ の密度関数 $f_F(x)$ のグラフを 0 以上 10 以下の範囲で描くことができる（図 7.8）.

```
curve(df(x, 2, 2), 0, 10, xlab="x", ylab="y")
```

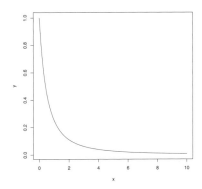

図 **7.8** 自由度 $(2,2)$ の F 分布の確率関数 $f_F(x)$ のグラフ

(7) $F_{2,2}$ に従う 3 個の疑似データを生成できる.

```
set.seed(69)
rf(3, 2, 2)
 [1]  0.6953188  0.2379798 25.4080272
```

$\square$

演習問題

問題 **7.1**📛 平均 μ, 分散 σ^2 を持つ正規分布 $\mathcal{N}(\mu, \sigma^2)$ の密度関数

$$f_X(x) = \frac{1}{\sqrt{2\pi}\sigma} \exp\left\{ -\frac{(x-\mu)^2}{2\sigma^2} \right\}, \quad -\infty < x < \infty$$

について, $\int_{-\infty}^{\infty} f_X(x)dx = 1$ となることを示せ. ただし, $\int_{-\infty}^{\infty} e^{-z^2}dz = \sqrt{\pi}$ は証明なしで用いてよい[12]. また R を用いて標準正規分布のときの密度関数のグラフを描きなさい.

問題 **7.2**📛 パラメータ $\theta > 0$ を持つ両側指数分布の密度関数は以下のように定義される.

$$f_X(x) = \frac{1}{2\theta} \exp\left\{ -\frac{|x|}{\theta} \right\}, \quad -\infty < x < \infty.$$

このとき, $\int_{-\infty}^{\infty} f_X(x)dx = 1$ となることを示せ. また両側指数分布に従う確率変数 X に対して, $\mathrm{E}(X)$, $\mathrm{E}(|X|)$ と $\mathrm{E}(X^2)$ を求めよ.

問題 **7.3**📛 X が標準正規分布に従うとき, X^2 が自由度 1 のカイ二乗分布に従うことを示せ.

---

[12] この結果は, ガウス積分 (Gaussian integral) と呼ばれる. 詳細については, 例えば [35] を参照されたい.

問題 7.4 ある展望台へのエレベータの最大許容重量は 600 kg である．成人男性の体重が平均およそ 70 kg，標準偏差 8 kg の正規分布に従うとして，成人男性 8 人グループの合計体重が 600 kg を超えて全員が同じエレベータに乗れない確率はいくらか．

問題 7.5 日本人 18 歳女性の身長 Y が平均およそ 158 cm，標準偏差 5 cm の正規分布に従うとして，身長が 163 cm の女性は，日本人 18 歳女性の中で上位何 % に位置しているか？

問題 7.6 ある試験の得点 X は平均 125 点，分散 412 の正規分布に従うと仮定する．ただし，この試験は 200 点満点であり，下位 30% が不合格となる．このとき，以下の問いに答えよ．

(a) 上位 10% に入るには何点以上とればよいか？

(b) この試験に合格するためには何点以上とればよいか？

問題 7.7 2016 年の厚生労働省「国民健康・栄養調査」によると，日本の 18 歳男性の身長の平均は 170.3 cm，標準偏差は 5.3 cm であった．日本の 18 歳男性の身長 X は正規分布に従うと考えた場合に，以下の問いに答えよ．

(a) $\Pr(170.3 - \alpha \leq X < 170.3 + \alpha) = 0.5$ となるような α を求めよ．

(b) $\Pr(X < 170.3 - \beta$ または $X \geq 170.3 + \beta) = 0.05$ となるような β を求めよ．

問題 7.8 X を平均 1，分散 1 の正規分布とする．以下の確率とモーメントをモンテカルロ・シミュレーション（手順 5.1）を用いて求めよ．

(a) $\Pr(-1 \leq X^3 < 3)$, $\Pr(0.01 < X^4 < 10)$

(b) $\mathrm{E}(X^3)$, $\mathrm{E}(X^4)$, $\mathrm{E}\{(X-1)^3\}$, $\mathrm{E}\{(X-1)^4\}$

問題 7.9 X を自由度 10 の t 分布とする以下の確率とモーメントをモンテカルロ・シミュレーションを用いて求めよ．

(a) $\Pr(-1 \leq X^3 < 2)$, $\Pr(0.01 < X^4 < 14)$

(b) $\mathrm{E}(X^3)$, $\mathrm{E}(X^4)$, $\mathrm{E}\{(X-1)^3\}$, $\mathrm{E}\{(X-1)^4\}$

問題 7.10 X をパラメータ 2 の指数分布とする．以下の確率とモーメントをモンテカルロ・シミュレーションを用いて求めよ．

(a) $\Pr(1 < X^3 < 2)$, $\Pr(1 < X^4 < 2)$

(b) $\mathrm{E}(X^3)$, $\mathrm{E}(X^4)$, $\mathrm{E}\{(X-1)^3\}$, $\mathrm{E}\{(X-1)^4\}$

第8章

推定

推測統計は，データ $x_1, x_2, \ldots$ …のデータを生み出すおおもとの確率分布（母集団分布）$f(x; \theta)$ … ．ここで，$f(x; \theta)$ における θ はパラメータである．パラメータ… …カニズム $f(x; \theta)$ の形ははっきりとわかるが，θ は未知という設… …り，データ生成のメカニズムは不明であるが，そこから発生さ… …た状況が想定されている．推定とは，母集団分布に含まれる未… …$x_2, \ldots, x_n$ を要約した統計量あるいは推定量 $\hat{\theta} = \hat{\theta}(x_1, x_2, \ldots$ … …そして，$\hat{\theta}$ を用いれば，$f(x; \theta)$ の形を $f(x; \hat{\theta})$ で予想すること… …メータ θ を1つの値で推定することを点推定といい，推定した… …めると，データ $x_1, x_2, \ldots, x_n$ を使って，母集団分布 $f(x; \theta)$ の… …が推測統計である（図 8.1）．

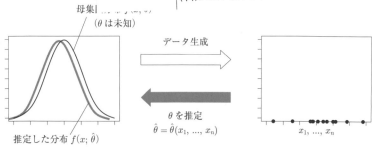

母集… …$f(x; \theta)$
（θ は未知）

データ生成

θ を推定
$\hat{\theta} = \hat{\theta}(x_1, \ldots, x_n)$

推定した分布 $f(x; \hat{\theta})$

$x_1, \ldots, x_n$

図 8.1　推測統計

例えば，10匹のマレーグマの体長のデータが得られているとする．母集団分布は，マレーグマの体長の期待値 μ と分散 σ^2 という2つの未知パラメータを持つ正規分布 $\mathcal{N}(\mu, \sigma^2)$ であり，観測データ $x_1, x_2, \ldots, x_n$ はこの母集団分布から生成されたと考える．そして，このデータの標本平均 $\bar{x} = (x_1 + x_2 + \cdots + x_{10})/10$ は，期待値 μ を推定したものという関係にある．

なお，推定には，点推定（パラメータを1つの値で推定する方法）と区間推定（確率的に

数学　統計学／推定，検定，回帰分析，R

注文　月　日
注文カード

書店（帖合）印

ISBN978-4-320-11479-1
C3041 ¥2400E

9784320114791

注文数

共立出版

よくわかる！Rで身につく統計学入門

中兵頭智昌
渡邉川弘己之

著

定価2640円
（本体2400円+税10%）

定価2640円
税10%

評価した一定の幅を持つ区間を作成し，そ〔…〕〔…法）とい
う2種類の推定がある．点推定値を求める具体〔…〕
ント法（8.2節）を紹介する．また，点推定の性〔…〕
節で紹介する．

8.1 最尤法

　最尤法は，ロナルド・フィッシャーが1912年から1922年にかけ〔…〕
生する確率分布を想定し，データが最も得られやすいであろうパラメー〔…〕
タから見積もる手続きである．

　想定する確率分布は d 個のパラメータの組 $(\theta_1, \theta_2, \ldots, \theta_d)$ によって特徴付け〔…〕
個のパラメータの組の集合を Θ で表し，パラメータ空間と呼ぶ．このとき，確率〔…〕
あるパラメータの組 $(\theta_1^*, \theta_2^*, \ldots, \theta_d^*)$ によって決まる密度関数 $f(x_1, x_2, \ldots, x_n; \theta_1^*, \theta_2^*,$〔…〕
を用いて表すことができるとする．いま，密度関数 $f(x_1, x_2, \ldots, x_n; \theta_1^*, \theta_2^*, \ldots, \theta_d^*)$ から〔…〕
させられたデータ $x_1, x_2, \ldots, x_n$ が手元にあるとする．そして，我々は $\theta_1^*, \theta_2^*, \ldots, \theta_d^*$ を知ら〔…〕
ないという設定の下で，手元のデータから適当なパラメータ $\theta_1, \theta_2, \ldots, \theta_d$ を決定したい．そ
の際に利用するのが，**尤度関数**である．

　尤度関数とは，得られたデータ $x_1, x_2, \ldots, x_n$ に対する $f(x_1, x_2, \ldots, x_n; \theta_1, \theta_2, \ldots, \theta_d)$
を d 個の変数 $\theta_1, \theta_2, \ldots, \theta_d$ を持つ関数とみた

$$L(\theta_1, \theta_2, \ldots, \theta_d; x_1, x_2, \ldots, x_n) = f(x_1, x_2, \ldots, x_n; \theta_1, \theta_2, \ldots, \theta_d)$$

のことをいう．もし，データが $f(x; \theta_1, \theta_2, \ldots, \theta_d)$ より得られたランダムサンプルの実現値で
あれば，

$$L(\theta_1, \theta_2, \ldots, \theta_d; x_1, x_2, \ldots, x_n) = f(x_1; \theta_1, \theta_2, \ldots, \theta_d) \times \cdots \times f(x_n; \theta_1, \theta_2, \ldots, \theta_d)$$

と表すことができる．尤度関数を最大化するようなパラメータの組 $\theta_1, \theta_2, \ldots, \theta_d$ を決定する
手続きを**最尤法**といい，得られた推定値を**最尤推定値**という．すなわち，最尤推定値 $\hat{\theta}_1, \hat{\theta}_2,$
$\ldots, \hat{\theta}_d$ は

$$L(\hat{\theta}_1, \hat{\theta}_2, \ldots, \hat{\theta}_d; x_1, x_2, \ldots, x_n) = \sup_{(\theta_1, \theta_2, \ldots, \theta_d) \in \Theta} L(\theta_1, \theta_2, \ldots, \theta_d; x_1, x_2, \ldots, x_n)$$

を達成する．最尤推定値は，多くの場合，次の**尤度方程式**を解くことで得られる．対数尤
度 $\log L(\theta_1, \theta_2, \ldots, \theta_d; x_1, x_2, \ldots, x_n)$[1] を $\ell(\theta_1, \theta_2, \ldots, \theta_d; x_1, x_2, \ldots, x_n)$ と表すとき，以下の

---

[1] 本書では，底が e である対数を $\log$ と表す．

数学　統計学／推定，検〔…〕
定，回帰分析，R

売上カード

共立出版

統計学入門
よくわかる！Rで身につく

モーメ〔…〕

渡中兵〔…〕4
邉川頭　昌
弘智之　己之　著

ISBN978-4-320-11479-1

TEL 03-3947-9960
FAX 03-3947-2539

連立方程式を尤度方程式という.

$$\frac{\partial}{\partial \theta_1} \ell(\theta_1, \theta_2, \ldots, \theta_d; x_1, x_2, \ldots, x_n) = 0$$

$$\frac{\partial}{\partial \theta_2} \ell(\theta_1, \theta_2, \ldots, \theta_d; x_1, x_2, \ldots, x_n) = 0$$

$$\vdots$$

$$\frac{\partial}{\partial \theta_d} \ell(\theta_1, \theta_2, \ldots, \theta_d; x_1, x_2, \ldots, x_n) = 0$$

> **! 注意 8.1 上限と偏微分の補足**　　まず, sup という記号について補足する. $\mathbb{R}^n$ 上の[2]ある領域 I において定義される n 変数関数を $f(x_1, x_2, \ldots, x_n)$ とする. $\sup_{(x_1, x_2, \ldots, x_n) \in I} f(x_1, x_2, \ldots, x_n)$ とは $f(x_1, x_2, \ldots, x_n)$ の領域 I における上限と呼ばれる, 最大値と似た概念である. 数学的には, 次の 1 と 2 が成立することを意味している.
>
> 1. すべての $(x_1, x_2, \ldots, x_n) \in I$ について $f(x_1, x_2, \ldots, x_n) \leq c$ となる.
> 2. 任意の正の実数 $\varepsilon > 0$ に対して, ある $(x_1', x_2', \ldots, x_n') \in I$ が存在して $c - \varepsilon < f(x_1', x_2', \ldots, x_n')$ となる.
>
> また, $c = f(x_1^*, x_2^*, \ldots, x_n^*)$ を満たす $(x_1^*, x_2^*, \ldots, x_n^*)$ が領域 I に存在するならば, $f(x_1, x_2, \ldots, x_n)$ は $(x_1^*, x_2^*, \ldots, x_n^*)$ で最大値をとる. たとえば, 実数 $\mathbb{R}$ 上の関数 $f(x) = -1/x$ について, 最大値は存在しないが, 上限は 0 である.
>
> 　次に, ∂ という記号について補足する. このとき,
>
> $$\frac{\partial}{\partial x_i} f(x_1, x_2, \ldots, x_n)$$
>
> を, $f(x_1, x_2, \ldots, x_n)$ の変数 x_i $(1 \leq i \leq n)$ に関する**偏微分**または**偏導関数**という. 1 変数関数の場合, 変数 x に関する微分を d/dx で表したのに対し, n 個の変数を持つ n 変数関数の場合, 偏微分 $\partial / \partial x_i$ は x_i 以外の $n-1$ 個の変数を固定したときの x_i に関する微分と考えられる. 数学的には, 偏微分とは, $\mathbb{R}^n$ のある領域 I の各点において極限
>
> $$\lim_{\Delta_{x_i} \to 0} \frac{f(x_1, \ldots, x_i + \Delta_{x_i}, \ldots, x_n) - f(x_1, \ldots, x_i, \ldots, x_n)}{\Delta_{x_i}}$$
>
> が存在するとき, その極限として得られる I 上の関数を意味する.

8.1.1 正規母集団における最尤法

　n 個のデータ $x_1, x_2, \ldots, x_n$ は, 平均 μ と分散 σ^2 が未知である正規分布 $\mathcal{N}(\mu, \sigma^2)$ から生成されたとする. このように, データの母集団分布が正規分布 $\mathcal{N}(\mu, \sigma^2)$ であるような母集団を

---

[2] $\mathbb{R}$ は実数の集合を意味し, $\mathbb{R}^n$ は n 個の実数の組のなす集合を意味する.

正規母集団という．このとき，μ と σ^2 を最尤法によって推定する．

尤度関数は

$$L(\mu, \sigma^2) = \frac{1}{\sqrt{2\pi}\sigma} \exp\left\{-\frac{(x_1 - \mu)^2}{2\sigma^2}\right\} \times \frac{1}{\sqrt{2\pi}\sigma} \exp\left\{-\frac{(x_2 - \mu)^2}{2\sigma^2}\right\} \times \cdots$$

$$\times \frac{1}{\sqrt{2\pi}\sigma} \exp\left\{-\frac{(x_n - \mu)^2}{2\sigma^2}\right\}$$

$$= \left(\frac{1}{\sqrt{2\pi}\sigma}\right)^n \exp\left\{-\frac{\sum_{i=1}^{n}(x_i - \mu)^2}{2\sigma^2}\right\}$$

と表すことができる．

まず，対数尤度関数は

$$\ell(\mu, \sigma^2) = \log L(\mu, \sigma^2) = -\frac{n}{2}\log(2\pi) - \frac{n}{2}\log\sigma^2 - \frac{\sum_{i=1}^{n}(x_i - \mu)^2}{2\sigma^2}$$

と計算できる．次に，尤度方程式を構成し，それを解くことにより，最尤推定値を導出する．対数尤度関数 $\ell(\mu, \sigma^2)$ を μ で偏微分すると，

$$\frac{\partial \ell(\mu, \sigma^2)}{\partial \mu} = \frac{n(\bar{x} - \mu)}{\sigma^2} \tag{8.1}$$

を得る．また，対数尤度関数 $\ell(\mu, \sigma^2)$ を σ^2 で偏微分すると，

$$\frac{\partial \ell(\mu, \sigma^2)}{\partial \sigma^2} = -\frac{n}{2\sigma^2} + \frac{\sum_{i=1}^{n}(x_i - \bar{x})^2 + n(\bar{x} - \mu)^2}{2\sigma^4} \tag{8.2}$$

を得る．(8.1) と (8.2) より，以下の尤度方程式を得る．

$$\frac{(\bar{x} - \mu)^2}{\sigma^2} = 0$$

$$-\frac{n}{2\sigma^2} + \frac{\sum_{i=1}^{n}(x_i - \bar{x})^2 + n(\bar{x} - \mu)^2}{2\sigma^4} = 0$$

この方程式を (μ, σ^2) について解くことで，最尤推定値

$$\mu = \bar{x}, \ \sigma^2 = \frac{1}{n}\sum_{i=1}^{n}(x_i - \bar{x})^2$$

が得られる．なお，これらの推定値を，それぞれ，$\hat{\mu}, \hat{\sigma}^2$ と表す．

最後に，$\sup_{(\mu, \sigma^2) \in (-\infty, \infty) \times (0, \infty)} \ell(\mu, \sigma^2)$ であることを示す．対数尤度関数は

$$\ell(\mu, \sigma^2) = -\frac{n}{2}\log(2\pi) - \frac{n}{2}\left(\frac{\hat{\sigma}^2}{\sigma^2} - \log\frac{\hat{\sigma}^2}{\sigma^2} + \log\hat{\sigma}^2\right) - \frac{n(\hat{\mu} - \mu)^2}{2\sigma^2}$$

と変形することができる．μ について

$$-\frac{n(\hat{\mu}-\mu)^2}{2\sigma^2} \leq 0$$

である. したがって, 任意の $\mu \in (-\infty, \infty)$ と 任意の $\sigma^2 \in (0, \infty)$ に対して

$$\ell(\mu, \sigma^2) \leq -\frac{n}{2}\log(2\pi) - \frac{n}{2}\left(\frac{\hat{\sigma}^2}{\sigma^2} - \log\frac{\hat{\sigma}^2}{\sigma^2} + \log\hat{\sigma}^2\right) \tag{8.3}$$

が成立する. なお, 等号成立条件は $\mu = \hat{\mu}$ である. さらに, $\log y \leq y - 1$ $(y \in (0, \infty))$ に注意すると, 任意の $\sigma^2 \in (0, \infty)$ に対して

$$-\frac{n}{2}\left(\frac{\hat{\sigma}^2}{\sigma^2} - \log\frac{\hat{\sigma}^2}{\sigma^2} + \log\hat{\sigma}^2\right) = -\frac{n}{2}\left\{\left(\frac{\hat{\sigma}^2}{\sigma^2} - 1\right) - \log\frac{\hat{\sigma}^2}{\sigma^2} + \log\hat{\sigma}^2 + 1\right\}$$
$$\leq -\frac{n}{2}(\log\hat{\sigma}^2 + 1) \tag{8.4}$$

と評価できる. なお, 等号成立条件は $\sigma^2 = \hat{\sigma}^2$ である. (8.3) と (8.4) をあわせることで, 任意の $\mu \in (-\infty, \infty)$ と 任意の $\sigma^2 \in (0, \infty)$ に対して,

$$\ell(\mu, \sigma^2) \leq -\frac{n}{2}\log(2\pi) - \frac{n}{2}(\log\hat{\sigma}^2 + 1)$$

が成り立つことが示された. この式の等号成立条件は, $\mu = \hat{\mu}$ かつ $\sigma^2 = \hat{\sigma}^2$ であるため, $\ell(\hat{\mu}, \hat{\sigma}^2) = \sup_{(\mu,\sigma^2)\in(-\infty,\infty)\times(0,\infty)} \ell(\mu, \sigma^2)$ が示された. 以上より, 以下の公式を得る.

定理 8.1　正規母集団における最尤推定値

$x_1, x_2, \ldots, x_n$ は母集団分布 $\mathcal{N}(\mu, \sigma^2)$ より生成されたデータであるとする. このとき, 未知パラメータ μ と σ^2 の最尤推定値は, それぞれ, 標本平均と標本分散, つまり

$$\hat{\mu} = \bar{x} = \frac{1}{n}\sum_{i=1}^{n} x_i, \quad \hat{\sigma}^2 = \frac{1}{n}\sum_{i=1}^{n}(x_i - \bar{x})^2$$

である.

R による各最尤推定値の計算方法を紹介する.

R コマンド 8.1　正規母集団における最尤推定値の R コード

データ x に対して, μ の最尤推定値は mean(x), σ^2 の最尤推定値は (length(x)-1)/ length(x)*var(x) と計算する[3].

◆　**例題 8.1　カピバラさん**　◆

21 匹のカピバラの体長 (cm) を調べたところ下のようなデータ (data8_1.csv) が得られた

---

[3] var() は不偏分散を求める関数であることに注意 (例題 2.12 参照).

$$108, \ 107, \ 107, \ 109, \ 112, \ 101, \ 102, \ 105, \ 100, \ 96, \ 103$$

$$123, \ 99, \ 105, \ 101, \ 103, \ 109, \ 95, \ 110, \ 104, \ 106$$

このデータは，正規分布 $\mathcal{N}(\mu, \sigma^2)$ に従っているとして，以下の問いに答えよ．

(1) μ の最尤推定値 $\hat{\mu}$ を求めよ．

(2) σ^2 の最尤推定値 $\hat{\sigma}^2$ を求めよ．

【解答】 まず，data8_1.csv の保存されている場所へ作業ディレクトリを変更し，以下のコマンドを実行し，データを読み込む．

```
dat <- read.csv("data8_1.csv", header = T)
x   <- dat[,1]
```

2 行目は，読み込んだデータの必要な部分をベクトル形式で保存するための処理である．

(1) 定理 8.1 より，μ の最尤推定値 $\hat{\mu}$ は mean(x) であるから，以下のようになる．

```
mean(x)
 [1] 105
```

したがって，$\hat{\mu} = 105$ である．

(2) 定理 8.1 より，σ^2 の最尤推定値 $\hat{\sigma}^2$ は以下のようになる．

```
(length(x)-1)/length(x)*var(x)
 [1] 35.2381
```

したがって，$\hat{\sigma}^2 \approx 35.2$ である． □

8.1.2 二項母集団における最尤法

n 個のデータ $x_1, x_2, \ldots, x_n$ は，p が未知である二項分布 $\mathrm{Bin}(1, p)$ から生成されたとする．このように，データの母集団分布が二項分布 $\mathrm{Bin}(1, p)$ であるような母集団を**二項母集団**という．二項母集団 $\mathrm{Bin}(1, p)$ における p を**母比率**という．

ここで，母比率 p を最尤法によって推定する．尤度関数は

$$L(p) = p^{x_1}(1-p)^{1-x_1} \times p^{x_2}(1-p)^{1-x_2} \times \cdots \times p^{x_n}(1-p)^{1-x_n} = p^{\sum_{i=1}^{n} x_i}(1-p)^{n-\sum_{i=1}^{n} x_i}$$

と表すことができる．そして，対数尤度関数は

$$\ell(p) = \log L(p) = \sum_{i=1}^{n} x_i \log p + \left(n - \sum_{i=1}^{n} x_i \right) \log(1-p)$$

と計算できる．次に，尤度方程式を構成し，それを解くことにより，最尤推定値を導出する．対数尤度関数 $\ell(p)$ を p で偏微分すると，

$$\frac{\partial \ell(p)}{\partial p} = \frac{\sum_{i=1}^{n} x_i}{p} - \frac{n - \sum_{i=1}^{n} x_i}{1-p}$$

を得る．この式より，以下の尤度方程式を得る．

$$\frac{\sum_{i=1}^{n} x_i}{p} - \frac{n - \sum_{i=1}^{n} x_i}{1-p} = 0$$

この方程式を p について解くことで，最尤推定値

$$p = \bar{x} = \frac{1}{n} \sum_{i=1}^{n} x_i$$

が得られる．なお，この推定値を，$\hat{p}$ と表す．

　最後に，$\ell(\hat{p}) = \sup_{p \in (0,1)} \ell(p)$ であることを示す．対数尤度関数の 1 階偏導関数は

$$\frac{\partial \ell(p)}{\partial p} = \frac{n(\bar{x} - p)}{p(1-p)} > 0 \ (0 < p < \bar{x}), \quad \frac{\partial \ell(p)}{\partial p} = \frac{n(\bar{x} - p)}{p(1-p)} \leq 0 \ (\bar{x} \leq p < 1)$$

となっている．したがって，$\hat{p} = \bar{x}$ は $\ell(p)$ の上限である．すなわち，$\ell(\hat{p}) = \sup_{p \in (0,1)} \ell(p)$ を満たす．

定理 8.2　二項母集団における最尤推定値

$x_1, x_2, \ldots, x_n$ は母集団分布 $\mathrm{Bin}(1, p)$ より生成されたデータであるとする．このとき，未知パラメータ p の最尤推定値は，

$$\hat{p} = \bar{x} = \frac{1}{n} \sum_{i=1}^{n} x_i$$

である．各 x_i は 0 または 1 であることに注意すると，データ数 n 個のうち 1 となった x_i の個数をデータ数 n で割ったものに等しい．

R による最尤推定値の計算方法を紹介する．

R コマンド 8.2　二項母集団における最尤推定値の R コード

データ数 n のうち 1 となったデータ数（成功回数）を x とすると，p の点推定値は x/n と計算する．

◆　**例題 8.2　品質チェック**　◆

機械 A で作られた製品が不良品である場合は $X = 1$，そうでない場合は $X = 0$ とすると，X は二項分布 $\mathrm{Bin}(1, p)$ に従う．機械 A で作られた製品 400 個（データの個数 n）を無作為に抽出し，不良品の個数を数えたところ 10 個（n 個のうちの 1 となったデータ

数）であった．このとき，p の最尤推定値 $\hat{p}$ を求めよ．

【解答】 定理 8.2 より，p の点推定値は以下のようになる．

```
x <- 10
n <- 400
x/n
 [1] 0.025
```

したがって，$\hat{p} = 0.025$ である． □

8.2 モーメント法

パラメータとモーメントの関係を表す式について，モーメントを標本から得られたモーメントに置き換えて求めた解をパラメータの推定値とする手法を**モーメント法** (method of moments, MM) という．

密度関数 $f(x; \theta_1, \theta_2, \ldots, \theta_d)$ より得られたランダムサンプル $X_1, X_2, \ldots, X_n$ の実現値が，データ $x_1, x_2, \ldots, x_n$ であるとする．このとき，適当な関数 $g_1, g_2, \ldots, g_d$ を用いて

$$g_1(\theta_1, \theta_2, \ldots, \theta_d) = \mathrm{E}(X) = \int_{-\infty}^{\infty} x f(x; \theta_1, \theta_2, \ldots, \theta_d) dx,$$

$$g_2(\theta_1, \theta_2, \ldots, \theta_d) = \mathrm{E}(X^2) = \int_{-\infty}^{\infty} x^2 f(x; \theta_1, \theta_2, \ldots, \theta_d) dx,$$

$$\vdots$$

$$g_d(\theta_1, \theta_2, \ldots, \theta_d) = \mathrm{E}(X^d) = \int_{-\infty}^{\infty} x^d f(x; \theta_1, \theta_2, \ldots, \theta_d) dx$$

と表されたとする．モーメント法による推定値は，以下の関係

$$g_1(\hat{\theta}_1, \hat{\theta}_2, \ldots, \hat{\theta}_d) = \frac{1}{n} \sum_{i=1}^{n} x_i$$

$$g_2(\hat{\theta}_1, \hat{\theta}_2, \ldots, \hat{\theta}_d) = \frac{1}{n} \sum_{i=1}^{n} x_i^2$$

$$\vdots$$

$$g_d(\hat{\theta}_1, \hat{\theta}_2, \ldots, \hat{\theta}_d) = \frac{1}{n} \sum_{i=1}^{n} x_i^d$$

を満たすような $\hat{\theta}_1, \hat{\theta}_2, \ldots, \hat{\theta}_d$ である．つまり，k 次モーメント $\mathrm{E}(X^k)$ を標本 k 次モーメント $\sum_{i=1}^{n} x_i^k / n$ へ置き換えることで得られる連立方程式を $\hat{\theta}_1, \hat{\theta}_2, \ldots, \hat{\theta}_d$ について解くことで，推定する方法である．ここで，サンプルサイズ n が十分に大きければ，k 次標本モーメント

$\sum_{i=1}^{n} x_i^k / n$ は k 次モーメント $\mathrm{E}(X^k)$ に近い値をとるため，$\hat{\theta}_1, \hat{\theta}_2, \ldots, \hat{\theta}_d$ は $\theta_1, \theta_2, \ldots, \theta_d$ の良い推定量になっていることが期待される．

8.2.1　正規母集団におけるモーメント法

n 個のデータ $x_1, x_2, \ldots, x_n$ は，平均 μ と分散 σ^2 が未知である正規分布 $\mathcal{N}(\mu, \sigma^2)$ から生成されたとする．このように，データの母集団分布が正規分布 $\mathcal{N}(\mu, \sigma^2)$ であるとき，μ と σ^2 をモーメント法によって推定する．

例題 7.1 の結果より，X が正規分布 $\mathcal{N}(\mu, \sigma^2)$ に従うとき，

$$\mathrm{E}(X) = \mu, \ \mathrm{E}(X^2) = \mu^2 + \sigma^2$$

である．したがって，$\mathrm{E}(X)$ を $\sum_{i=1}^{n} x_i / n$ へ，$\mathrm{E}(X^2)$ を $\sum_{i=1}^{n} x_i^2 / n$ へ置き換えることで，

$$\frac{1}{n} \sum_{i=1}^{n} x_i = \mu, \ \frac{1}{n} \sum_{i=1}^{n} x_i^2 = \mu^2 + \sigma^2 \tag{8.5}$$

を得る．μ と σ^2 に関する連立方程式 (8.5) を解くと，

$$\mu = \frac{1}{n} \sum_{i=1}^{n} x_i, \ \sigma^2 = \frac{1}{n} \sum_{i=1}^{n} x_i^2 - \left(\frac{1}{n} \sum_{i=1}^{n} x_i \right)^2$$

を得る．したがって，母集団分布が正規分布 $\mathcal{N}(\mu, \sigma^2)$ であるとき，モーメント法による推定値は最尤推定値と一致することがわかる．

8.2.2　二項母集団におけるモーメント法

n 個のデータ $x_1, x_2, \ldots, x_n$ は，p が未知である二項分布 $\mathrm{Bin}(1, p)$ から生成されたとする．このように，データの母集団分布が二項分布 $\mathrm{Bin}(1, p)$ であるとき，母比率 p をモーメント法によって推定する．

例題 6.1 の結果より，X が二項分布 $\mathrm{Bin}(1, p)$ に従うとき，

$$\mathrm{E}(X) = p$$

である．したがって，$\mathrm{E}(X)$ を $\sum_{i=1}^{n} x_i / n$ へ置き換えることで，

$$\frac{1}{n} \sum_{i=1}^{n} x_i = p$$

を得る．したがって，母集団分布が二項分布 $\mathrm{Bin}(1, p)$ であるとき，モーメント法による推定

値は最尤推定値と一致することがわかる.

8.3 推定量とその性質

　推定値はパラメータそのものではないため,パラメータと推定値の間にデータ抽出にともなうランダムなブレが生ずることは避けられない.しかし,ブレに関するランダムな分布法則は考察することができるため,これを利用することでデータ抽出にともなう推定法の良し悪しを評価することが可能である.本節では,このような「データ抽出にともなう推定法の良し悪し」について考察する.

　ある母集団分布 $f(x; \theta)$ から得られたデータ $x_1, x_2, \ldots, x_n$ から推定値 $\hat{\theta} = \hat{\theta}(x_1, x_2, \ldots, x_n)$ が得られたとする.このとき,推定値 $\hat{\theta}$ そのものの信頼性を評価するのではなく「観測データのブレを考慮に入れた推定方法の信頼性」を評価することを目的とする.そのためには,母集団分布 $f(x; \theta)$ に従うランダムサンプル $X_1, X_2, \ldots, X_n$ を導入し,$\hat{\theta} = \hat{\theta}(X_1, X_2, \ldots, X_n)$ のランダムなふるまいを調べればよい.ここで,手元のデータ $x_1, x_2, \ldots, x_n$ は,ランダムサンプル $X_1, X_2, \ldots, X_n$ の実現値(とりうる値の1つ)に対応していると考える.$\hat{\theta}(X_1, X_2, \ldots, X_n)$ は推定値 $\hat{\theta}(x_1, x_2, \ldots, x_n)$ と混同しないように**推定量**と呼ばれている.少し混乱しそうであれば,$\hat{\theta}(X_1, X_2, \ldots, X_n)$ は「データのブレにともなう推定方法の良さを評価するときの書き方」と理解すればよい.

　例えば,コイン投げ10回の結果から表の出る確率 p を推定する問題を考えた場合,推定値は表の出た回数を10で割ることにより $\hat{p}$ を求めていた.ここで,データ(コイン投げ10回の結果)が得られてから推定値 $\hat{p}$ を計算する過程が「推定方法」である.仮に,「コイン投げ10回」という実験を以下のように B 回行ったとする.

> **実験 1**　表7, 裏3　$\Rightarrow$　$\hat{p}_1 = 0.7$
> **実験 2**　表4, 裏6　$\Rightarrow$　$\hat{p}_2 = 0.4$
> **実験 3**　表6, 裏4　$\Rightarrow$　$\hat{p}_3 = 0.6$
> **実験 4**　表5, 裏5　$\Rightarrow$　$\hat{p}_4 = 0.5$
> $\vdots$　　　　　$\vdots$　　　　　$\vdots$
> **実験 B**　表8, 裏2　$\Rightarrow$　$\hat{p}_B = 0.8$

このとき,B 個の推定値の期待値 $\bar{p} = (\hat{p}_1 + \hat{p}_2 + \cdots + \hat{p}_B)/B$ と p がぴったり一致すれば,「まんべんなさ」という点で偏り(バイアス)のない良い推定であるといえる.このような性質を持つ推定量は,**不偏推定量**と呼ばれる.この性質を,図8.2 を通して見てみよう.図8.2 では,推定量 $\hat{\theta}$ の分布(密度関数)を曲線で描き,実際に観測されたいくつかの推定値を丸で描いている.図8.2 の左のように,$\hat{\theta}$ の期待値が推定対象 θ と一致している場合(丸が

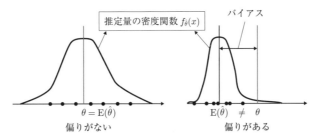

図 **8.2**　不偏推定量のイメージ

平均の周りにまんべんなく存在する場合）は不偏推定量である．一方，図 8.2 の右のように，$\hat{\theta} = \hat{\theta}(X_1, X_2, \ldots, X_n)$ の期待値が推定対象 θ と一致しない場合（丸が平均から離れた場所に多く存在する場合）は不偏推定量でない．

また，パラメータ p に関する 2 次モーメント $\{(\hat{p}_1 - p)^2 + (\hat{p}_2 - p)^2 + \cdots + (\hat{p}_B - p)^2\}/B$ が小さければ「推定対象の周りでバラツキが小さい」という点で良い推定であるといえる．このような性質を持つ推定量は**一致推定量**と呼ばれる．この性質を，図 8.3 を通して見てみよう．図 8.3 では，推定量 $\hat{\theta}$ の分布（密度関数）を曲線で描き，実際に観測されたいくつかの推定値を丸で描いている．図 8.3 の右は，左よりもサンプルサイズ n が大きい場合の推定量 $\hat{\theta}$ の分布である．右の密度関数は，左の密度関数に比べて θ 付近における密度が高いことがわかる．つまり，サンプルサイズを増やすと推定対象 θ の付近に推定量が集中する様子が確認できる．

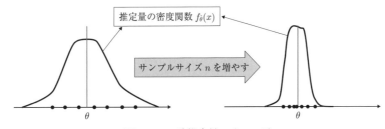

図 **8.3**　一致推定量のイメージ

なんとなくイメージが沸いたところで，不偏推定量や一致推定量の数学的な定義について紹介する．

> **定義 8.1**　**不偏推定量**
>
> $X_1, X_2, \ldots, X_n$ を $f(x; \theta)$ $(\theta \in \Theta)$ に従うランダムサンプルとする．このとき，すべての θ に対して $\hat{\theta} = \hat{\theta}(X_1, X_2, \ldots, X_n)$ が $\mathrm{E}(\hat{\theta}) = \theta$ を満たすとき $\hat{\theta}$ を θ の**不偏推定量**という．ただし，$f(x; \theta)$ $(x \in \mathbb{R})$ が連続型のとき
>
> $$\mathrm{E}\left(\hat{\theta}\right) = \int\int \cdots \int_{\mathbb{R}^n} \hat{\theta}(x_1, x_2, \ldots, x_n) \times f(x_1; \theta)f(x_2; \theta)\cdots f(x_n; \theta)dx_1 dx_2 \cdots dx_n$$

であり，$f(x;\theta)\ (x\in\mathcal{X})^{4)}$ が離散型のとき

$$\mathrm{E}\left(\hat{\theta}\right)=\sum_{x_1\in\mathcal{X}}\sum_{x_2\in\mathcal{X}}\cdots\sum_{x_n\in\mathcal{X}}\hat{\theta}(x_1,x_2,\ldots,x_n)\times f(x_1;\theta)f(x_2;\theta)\cdots f(x_n;\theta)$$

である．また，$\mathrm{E}(\hat{\theta})-\theta$ をバイアスという．

◆ 例題 8.3　正規母集団 ◆

$X_1,X_2,\ldots,X_n$ を母集団分布 $\mathcal{N}(\mu,\sigma^2)$ に従うランダムサンプルとする．このとき，以下の問いに答えよ．

(1) μ の最尤推定量 $\hat{\mu}=\sum_{i=1}^{n}X_i/n$ は不偏推定量であるか？
(2) σ^2 の最尤推定量 $\hat{\sigma}^2=\sum_{i=1}^{n}(X_i-\bar{X})^2/n$ は不偏推定量であるか？
(3) $\tilde{\sigma}^2=\sum_{i=1}^{n}(X_i-\bar{X})^2/(n-1)$ は不偏推定量であるか？

【解答】

(1) $\mathrm{E}(X_i)=\mu$ より，

$$\mathrm{E}\left(\hat{\mu}\right)=\mathrm{E}\left(\frac{\sum_{i=1}^{n}X_i}{n}\right)=\frac{1}{n}\sum_{i=1}^{n}\mathrm{E}(X_i)=\frac{1}{n}\sum_{i=1}^{n}\mu=\mu$$

となるので，$\hat{\mu}$ は不偏推定量である．

(2) $\mathrm{var}(X_i)=\sigma^2$ および $\mathrm{E}\{(X_i-\mu)(X_j-\mu)\}=0$ より，

$$\mathrm{E}\left(\hat{\sigma}^2\right)=\mathrm{E}\left\{\frac{n-1}{n^2}\sum_{i=1}^{n}(X_i-\mu)^2-\frac{1}{n^2}\sum_{i\neq j}^{n}(X_i-\mu)(X_j-\mu)\right\}$$

$$=\frac{n-1}{n^2}\sum_{i=1}^{n}\mathrm{E}\left\{(X_i-\mu)^2\right\}-\frac{1}{n^2}\sum_{i\neq j}^{n}\mathrm{E}\left\{(X_i-\mu)(X_j-\mu)\right\}$$

$$=\frac{n-1}{n}\sigma^2\neq\sigma^2$$

となるので，$\hat{\sigma}^2$ は不偏推定量でない．

(3) (2) より，$\tilde{\sigma}^2=n\hat{\sigma}^2/(n-1)$ は不偏推定量となることがわかる． □

◆ 例題 8.4　二項母集団 ◆

$X_1,X_2,\ldots,X_n$ を母集団分布 $\mathrm{Bin}(1,p)$ に従うランダムサンプルとする．このとき，p の最尤推定量 $\hat{p}=\sum_{i=1}^{n}X_i/n$ は不偏推定量であるか？

【解答】　$\mathrm{E}(X_i)=p$ より，

---

4) $\mathcal{X}$ とは確率変数 X の取りうる値を集めた集合を表す．たとえば二項分布の場合は $\mathcal{X}=\{0,1,\ldots,n\}$ となる．

$$\mathrm{E}\,(\hat{p}) = \mathrm{E}\left(\frac{\sum_{i=1}^{n} X_i}{n}\right) = \frac{1}{n}\sum_{i=1}^{n}\mathrm{E}\,(X_i) = \frac{1}{n}\sum_{i=1}^{n}p = p$$

となるので，$\hat{p}$ は不偏推定量である． $\square$

定義 8.2　一致推定量

$X_1, X_2, \ldots, X_n$ を $f(x;\theta)$ $(\theta \in \Theta)$ に従うランダムサンプルとする．このとき，すべての $\varepsilon > 0$ に対して $\hat{\theta} = \hat{\theta}(X_1, X_2, \ldots, X_n)$ が

$$\lim_{n\to\infty}\Pr\left(|\hat{\theta} - \theta| > \varepsilon\right) = 0$$

を満たすとき $\hat{\theta}$ を θ の**一致推定量**[5]という．

一致性が成立するための十分条件を導出する．マルコフの不等式[6]より，すべての $\varepsilon > 0$ に対して

$$\Pr\left(|\hat{\theta} - \theta| > \varepsilon\right) \leq \frac{\mathrm{E}\left(|\hat{\theta} - \theta|\right)}{\varepsilon}$$

さらに，ヘルダーの不等式の特別な形[7]より，

$$\mathrm{E}\left(|\hat{\theta} - \theta|\right) \leq \left[\mathrm{E}\left\{(\hat{\theta} - \theta)^2\right\}\right]^{1/2}$$

が成り立つ．はさみうちの原理より，$\mathrm{E}\{(\hat{\theta} - \theta)^2\} \to 0$ であれば，確率 $\Pr(|\hat{\theta} - \theta| > \varepsilon)$ も 0 へ収束することがわかる．以上をまとめたものが以下の公式である．比較的容易に導出することができる 2 次モーメントの収束を確かめれば，この公式における確率収束が証明できるという意味で非常に便利である．

定理 8.3　一致性の十分条件

$\hat{\theta}$ が θ の一致推定量となるための十分条件は，

$$\lim_{n\to\infty}\mathrm{E}\left\{(\hat{\theta} - \theta)^2\right\} = 0$$

である．

---

[5]このような性質は数学的には確率収束として表現される．確率変数列 X_n が確率変数 X に確率収束するとは，すべての $\varepsilon > 0$ に対して，$\lim_{n\to\infty}\Pr(|X_n - X| > \varepsilon) = 0$ が成り立つことである．確率収束に関する性質の詳細は [10, 12] などを参照されたい．

[6]例題 5.4 の不等式において $k = 1$ を代入することにより得られる．

[7]確率変数 X, Y についてのヘルダーの不等式は $\mathrm{E}(|XY|) \leq \{\mathrm{E}(|X|^p)\}^{1/p}\{\mathrm{E}(|Y|^q)\}^{1/q}$ である．ただし，p, q は $1 < p, q < \infty$ を満たす実数とする．証明については，[27] の定理 5.6 を参照されたい．ヘルダーの不等式の特別な場合として，確率変数 X について $\mathrm{E}(|X|) \leq \{\mathrm{E}(|X|^2)\}^{1/2}$ が成り立つ．

$X_1, X_2, \ldots, X_n$ を母集団分布 $\mathcal{N}(\mu, \sigma^2)$ に従うランダムサンプルとする．このとき，以下の問いに答えよ．

(1) μ の最尤推定量 $\hat{\mu} = \sum_{i=1}^{n} X_i/n$ は一致推定量であるか？

(2) σ^2 の不偏推定量 $\tilde{\sigma}^2 = \sum_{i=1}^{n}(X_i - \bar{X})^2/(n-1)$ は一致推定量であるか？

(3) σ^2 の最尤推定量 $\hat{\sigma}^2 = \sum_{i=1}^{n}(X_i - \bar{X})^2/n$ は一致推定量であるか？

【解答】　定理 8.3 を応用して示す．

(1) $\mathrm{E}(X_i) = \mu$（例題 7.1(1) の結果）より，

$$\mathrm{E}\left\{(\hat{\mu} - \mu)^2\right\} = \frac{1}{n^2}\mathrm{E}\left\{\sum_{i=1}^{n}(X_i - \mu)^2 + \sum_{i \neq j}^{n}(X_i - \mu)(X_j - \mu)\right\} = \frac{\sigma^2}{n}$$

となる．したがって，$\lim_{n \to \infty} \mathrm{E}\{(\hat{\mu} - \mu)^2\} = \lim_{n \to \infty} \sigma^2/n = 0$ であるから，$\hat{\mu}$ は一致推定量である．

(2) $\mathrm{E}\{(X_i - \mu)^2(X_j - \mu)^2\} = \sigma^4$, $\mathrm{E}\{(X_i - \mu)^4\} = 3\sigma^4$ および $\mathrm{E}\{(X_i - \mu)(X_j - \mu)(X_k - \mu)(X_\ell - \mu)\} = 0, i \neq j, k, \ell$ より，

$$\begin{aligned}
\mathrm{E}(\tilde{\sigma}^4) &= \mathrm{E}\Bigg\{\frac{1}{n^2}\sum_{i=1}^{n}(X_i - \mu)^4 + \frac{n^2 - 2n + 3}{n^2(n-1)^2}\sum_{i \neq j}^{n}(X_i - \mu)^2(X_j - \mu)^2 \\
&\quad - \frac{4}{n^2(n-1)}\sum_{i \neq j}^{n}(X_i - \mu)^3(X_j - \mu) \\
&\quad - \frac{2(n-3)}{n^2(n-1)^2}\sum_{i \neq j, j \neq k, k \neq i}^{n}(X_i - \mu)^2(X_j - \mu)(X_k - \mu) \\
&\quad + \frac{1}{n^2(n-1)^2}\sum_{i \neq j \neq k \neq \ell, k \neq i \neq \ell \neq j}^{n}(X_i - \mu)(X_j - \mu)(X_k - \mu)(X_\ell - \mu)\Bigg\} \\
&= \frac{1}{n^2}\sum_{i=1}^{n}3\sigma^4 + \frac{n^2 - 2n + 3}{n^2(n-1)^2}\sum_{i \neq j}^{n}\sigma^4 \\
&= \sigma^4 + \frac{2}{n-1}\sigma^4
\end{aligned}$$

$\tilde{\sigma}^2$ は不偏推定量，すなわち，$\mathrm{E}(\tilde{\sigma}^2) = \sigma^2$ なので，

$$\mathrm{E}\{(\tilde{\sigma}^2 - \sigma^2)^2\} = \sigma^4 + \frac{2}{n-1}\sigma^4 - \sigma^4 = \frac{2}{n-1}\sigma^4$$

である．したがって，$\lim_{n \to \infty} \mathrm{E}\{(\tilde{\sigma}^2 - \sigma^2)^2\} = \lim_{n \to \infty} 2\sigma^4/(n-1) = 0$ であるから，$\tilde{\sigma}$ は一致推定量である．

(3) $\hat{\sigma}^2 = (n-1)/n\tilde{\sigma}^2$ に注意すると，

$$\mathrm{E}\{(\hat{\sigma}^2 - \sigma^2)^2\} = \frac{(n-1)^2}{n^2}\mathrm{E}(\tilde{\sigma}^4) - 2\frac{n-1}{n}\mathrm{E}(\tilde{\sigma}^2)\sigma^2 + \sigma^4 = \frac{(2n-1)\sigma^4}{n^2}$$

である.したがって,$\lim_{n\to\infty}\mathrm{E}\{(\hat{\sigma}^2 - \sigma^2)^2\} = \lim_{n\to\infty}(2n-1)\sigma^4/n^2 = 0$ であるから,$\hat{\sigma}^2$ は一致推定量である. □

例題 8.3 と例題 8.5 より,標本平均 $\bar{x}$ は μ の一致推定量でありながら不偏推定量となることがわかった.しかし,一致推定量は常に不偏推定量とは言えない.その代表的な例が分散 σ^2 の最尤推定値 $\hat{\sigma}^2$ である.

◆ **例題 8.6 二項母集団** ◆

$X_1, X_2, \ldots, X_n$ を母集団分布 $\mathrm{Bin}(1, p)$ に従うランダムサンプルとする.このとき,p の最尤推定量 $\hat{p} = \sum_{i=1}^{n} X_i/n$ は一致推定量であるか?

【解答】 定理 8.3 を応用して示す.$\mathrm{Var}(X_i) = p(1-p)$(例題 6.1(3) の結果)より,

$$\mathrm{E}\{(\hat{p} - p)^2\} = \frac{1}{n^2}\mathrm{E}\left\{\sum_{i=1}^{n}(X_i - p)^2 + \sum_{i\neq j}^{n}(X_i - p)(X_j - p)\right\} = \frac{p(1-p)}{n}$$

となる.したがって,$\lim_{n\to\infty}\mathrm{E}\{(\hat{p} - p)^2\} = \lim_{n\to\infty}p(1-p)/n = 0$ であるから,$\hat{p}$ は一致推定量である. □

8.4 区間推定とは

区間推定は,推定法のブレの範囲がどの程度であるかを明記した推定法である.データ $x_1, x_2, \ldots, x_n$ の 2 つの関数 $t_1 = t_1(x_1, x_2, \ldots, x_n)$ と $t_2 = t_2(x_1, x_2, \ldots, x_n)(t_1 < t_2)$ を

$$1 - \alpha = \mathrm{Pr}(t_1 \leq \theta \leq t_2)$$

を満たすように定める.ただし,α は前もって与えられた定数であり $\alpha = 0.05$ や $\alpha = 0.01$ などが用いられ,$1 - \alpha$ を信頼度と呼ぶ.このとき区間 $[t_1, t_2]$ をパラメータ θ の信頼度 $1 - \alpha$ の信頼区間と呼ぶ.また,t_1 を信頼下限,t_2 を信頼上限と呼ぶ.

データ抽出のたびに区間 $[t_1, t_2]$ はランダムに変動することに注意する.したがって,区間 $[t_1, t_2]$ 内にパラメータ θ が含まれないこともある.このような「失敗」(区間 $[t_1, t_2]$ 内にパラメータ θ が含まれないという事象)の確率が α という意味である.したがって,信頼度 $1 - \alpha$ とは「成功」(区間 $[t_1, t_2]$ 内にパラメータ θ が含まれるという事象)の確率が $1 - \alpha$ という意味である.ここで注意を要するのは,このような保証は「推定方法の信頼性の保証」であって「個々の推定値に関する保証でない」ということである.例えば,1 組のデータが得られたときに $\alpha = 0.05(5\%)$ の信頼区間として $[0.2, 0.9]$ という結果を得たとしよう.このとき,「$[0.2, 0.9]$ に θ が含まれる確率は $95\%(0.95)$ である」と言ってはならない.

8.5 正規母集団における点推定と区間推定

まず，平均 μ の区間推定について考える．$X_1, X_2, \ldots, X_n$ を $\mathcal{N}(\mu, \sigma^2)$ に従うランダムサンプルとすると，$T = (\hat{\mu} - \mu)/\sqrt{\hat{\sigma}^2/n}$ が自由度 $n-1$ の t 分布に従う[8]ことが知られている．この性質を利用して平均 μ の信頼度 $1 - \alpha$ 区間推定を構成することができる．

ここで，$\Pr(T \geq t) = \alpha/2$ を満たす t を $t_{n-1}(\alpha/2)$ と表す．このような点を，**自由度 $\boldsymbol{n-1}$ の t 分布の上側 $\boldsymbol{\alpha/2}$ 点**（図 8.4 の右裾の点）と呼ぶ．また，t 分布の密度関数は原点に関して対称であるから，$\Pr(T \leq t) = \alpha/2$ を満たす t は $-t_{n-1}(\alpha/2)$ である．このような点を，**自由度 $\boldsymbol{n-1}$ の t 分布の下側 $\boldsymbol{\alpha/2}$ 点**（図 8.4 の左裾の点）と呼ぶ．t 分布や標準正規分布のように密度関数が原点に対して左右対称であるような分布においては，下側 $\alpha/2$ 点は上側 $\alpha/2$ 点の -1 倍した値となる．

以上より，

$$1 - \alpha = \Pr(-t_{n-1}(\alpha/2) \leq T \leq t_{n-1}(\alpha/2)) = \Pr\left(-t_{n-1}(\alpha/2) \leq \frac{\hat{\mu} - \mu}{\sqrt{\tilde{\sigma}^2/n}} \leq t_{n-1}(\alpha/2)\right)$$

である．最後の式の確率のカッコの中を変形すると，

$$1 - \alpha = \Pr\left(\hat{\mu} - t_{n-1}(\alpha/2)\sqrt{\frac{\tilde{\sigma}^2}{n}} \leq \mu \leq \hat{\mu} + t_{n-1}(\alpha/2)\sqrt{\frac{\tilde{\sigma}^2}{n}}\right)$$

となる．したがって，平均 μ の 区間推定は以下のように与えられる．

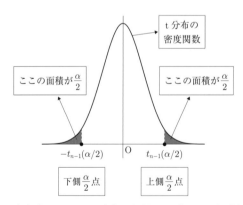

図 8.4 自由度 $n-1$ の t 分布の上側 $\alpha/2$ 点および下側 $\alpha/2$ 点

---

[8]証明については，例えば，[12] の定理 6.8 および定理 6.9 を参照されたい．

$x_1, x_2, \ldots, x_n$ を母集団分布 $\mathcal{N}(\mu, \sigma^2)$ より生成されたデータであるとする．このとき，平均 μ の信頼度 $1 - \alpha$ の信頼区間は以下のように定まる．

$$\left[\hat{\mu} - t_{n-1}(\alpha/2)\sqrt{\frac{\tilde{\sigma}^2}{n}}, \ \ \hat{\mu} + t_{n-1}(\alpha/2)\sqrt{\frac{\tilde{\sigma}^2}{n}} \right]$$

　R による区間推定法を紹介する．データ x に対して，μ の信頼度 0.95 の信頼区間を出力したい場合は，下記のコードを実行すればよい．

```
n <- length(x)
alpha <- 0.05
hatmu <- mean(x)
tildsigma <- var(x)
tq <- qt(alpha/2, n-1, lower.tail=F)
mu_lower <- hatmu - tq * sqrt(tildsigma/n) # 信頼下限
mu_upper <- hatmu + tq * sqrt(tildsigma/n) # 信頼上限
c(mu_lower, mu_upper) # 信頼区間
```

1 行目においては，関数 length() を用いてデータの個数 n を指定している．2 行目においては，信頼度 $1 - \alpha$ における α を指定している（ここでは，0.05 が指定されている）．5 行目においては，自由度 $n-1$ の t 分布の上側 $\alpha/2$ 点 $t_{n-1}(\alpha/2)$ を求めている．6 行目は信頼下限を求めており，7 行目は信頼上限を求めている．8 行目は μ の信頼度 1-alpha の信頼区間をベクトルの形式で出力する．

　次に，分散 σ^2 の区間推定について考える．$X_1, X_2, \ldots, X_n$ を $\mathcal{N}(\mu, \sigma^2)$ に従うランダムサンプルとすると，不偏分散 $\tilde{\sigma}^2$ に対して $V = (n-1)\tilde{\sigma}^2/\sigma^2$ が自由度 $n-1$ のカイ二乗分布に従う[9]ことが知られている．この性質を利用して分散 σ^2 の信頼度 $1 - \alpha$ 区間推定を構成することができる．

　ここで，$\Pr(V \geq v) = \alpha/2$ を満たす v を $\chi^2_{n-1}(\alpha/2)$ と表す．このような点を，**自由度 $n-1$ のカイ二乗分布の上側 $\alpha/2$ 点**（図 8.5 の右裾の点）と呼ぶ．また，カイ二乗分布は原点対称の分布ではないので，$\Pr(V \leq v) = \alpha/2$ $(\Pr(V \geq v) = 1 - \alpha/2)$ を満たす v は $\chi^2_{n-1}(1 - \alpha/2)$ である．このような点を，**自由度 $n-1$ のカイ二乗分布の下側 $\alpha/2$ 点**（図 8.5 の左裾の点）と呼ぶ．

　以上より，

---

[9] 証明については，例えば，[12] の定理 6.8 を参照されたい．

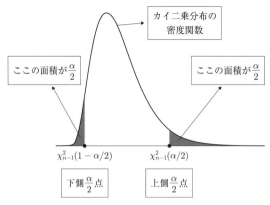

図 **8.5** 自由度 $n-1$ のカイ二乗分布の上側 $\alpha/2$ 点および下側 $\alpha/2$ 点

$$1-\alpha = \Pr(\chi^2_{n-1}(1-\alpha/2) \leq V \leq \chi^2_{n-1}(\alpha/2))$$

$$= \Pr\left(\chi^2_{n-1}(1-\alpha/2) \leq \frac{(n-1)\tilde{\sigma}^2}{\sigma^2} \leq \chi^2_{n-1}(\alpha/2)\right)$$

である．最後の式の確率のカッコの中を変形すると，

$$1-\alpha = \Pr\left(\frac{(n-1)\tilde{\sigma}^2}{\chi^2_{n-1}(\alpha/2)} \leq \sigma^2 \leq \frac{(n-1)\tilde{\sigma}^2}{\chi^2_{n-1}(1-\alpha/2)}\right)$$

となる．したがって，分散 σ^2 の区間推定は以下のように与えられる．

手順 8.2 正規母集団における分散 σ^2 の区間推定

$x_1, x_2, \ldots, x_n$ を母集団分布 $\mathcal{N}(\mu, \sigma^2)$ より生成されたデータであるとする．このとき，分散 σ^2 の $1-\alpha$ の信頼区間は以下のように定まる．

$$\left[\frac{(n-1)\tilde{\sigma}^2}{\chi^2_{n-1}(\alpha/2)}, \ \frac{(n-1)\tilde{\sigma}^2}{\chi^2_{n-1}(1-\alpha/2)}\right]$$

R による区間推定法を紹介する．データ x に対して，σ^2 の 信頼度 0.95 の信頼区間を出力したい場合は，下記のコードを実行すればよい．

```
n <- length(x)
alpha <- 0.05
tildsigma <- var(x)
chiq_lower <- qchisq(alpha/2, n-1)
chiq_upper <- qchisq(alpha/2, n-1, lower.tail=F)
sigma_lower <- (n-1) * tildsigma / chiq_upper # 信頼下限
sigma_upper <- (n-1) * tildsigma / chiq_lower # 信頼上限
c(sigma_lower, sigma_upper) # 信頼区間
```

1行目においては，関数 length() を用いてデータの個数 n を指定している．2行目においては，信頼度 $1-\alpha$ における α を指定している（ここでは，0.05 が指定されている）．4行目においては，自由度 $n-1$ の t 分布の下側 $\alpha/2$ 点 $\chi^2_{n-1}(1-\alpha/2)$ を求めている．5行目においては，自由度 $n-1$ の t 分布の上側 $\alpha/2$ 点 $\chi^2_{n-1}(\alpha/2)$ を求めている．6行目は信頼下限を求めており，7行目は信頼上限を求めている．8行目は σ^2 の信頼度 1-alpha の信頼区間をベクトルの形式で出力する．

◆ **例題 8.7 続・カピバラさん** ◆

例題 8.1 のデータ (data8_1.csv) について，正規分布 $\mathcal{N}(\mu, \sigma^2)$ に従っているとして，以下の問いに答えよ．

(1) μ の信頼度 0.95 の信頼区間を求めよ．

(2) σ^2 の信頼度 0.95 の信頼区間を求めよ．

【解答】 例 8.1 と同様に，以下のコマンドを実行し，データを読み込む．

```
dat <- read.csv("data8_1.csv", header = T)
x <- dat[,1]
```

(1) 手順 8.1 の R コードを利用することで，μ の信頼度 0.95 の信頼区間を求めることができる：

```
n <- length(x)
alpha <- 0.05
hatmu <- mean(x)
tildsigma <- var(x)
tq <- qt(alpha/2, n-1, lower.tail=F)
mu_lower <- hatmu - tq * sqrt(tildsigma/n)
mu_upper <- hatmu + tq * sqrt(tildsigma/n)
c(mu_lower, mu_upper)
 [1] 102.2312 107.7688
```

以上より，μ の信頼度 0.95 の信頼区間は，およそ $[102.2, 107.8]$ である．

(2) 手順 8.2 の R コードを利用することで，σ^2 の信頼度 0.95 の信頼区間を求めることができる：

```
n <- length(x)
alpha <- 0.05
tildsigma <- var(x)
chiq_lower <- qchisq(alpha/2, n-1)
chiq_upper <- qchisq(alpha/2, n-1, lower.tail=F)
sigma_lower <- (n-1) * tildsigma/chiq_upper
sigma_upper <- (n-1) * tildsigma/chiq_lower
c(sigma_lower, sigma_upper)
 [1] 21.65667 77.15746
```

以上より，σ^2 の信頼度 0.95 の信頼区間は，およそ $[21.7, 77.2]$ である． □

8.6 二項母集団における区間推定

母比率 p の区間推定について考える．$X_1, X_2, \ldots, X_n$ を $\mathrm{Bin}(1, p)$ に従うランダムサンプルとすると，$Z = (\hat{p} - p)/\sqrt{\hat{p}(1-\hat{p})/n}$ が近似的に標準正規分布に従う[10]ことが知られている．ここで，「近似的に」という意味は「サンプルサイズが大きい場合には」という意味である[11]．この性質を利用して，近似的に p の信頼度 $1-\alpha$ 信頼区間を構成することができる．

ここで，$\Pr(Z \geq z) = \alpha/2$ を満たす z を $z(\alpha/2)$ と表す．このような点を，**標準正規分布の上側 $\boldsymbol{\alpha/2}$ 点**（図 8.6 の右裾の点）と呼ぶ．また，標準正規分布の密度関数は原点に対して左右対称なので，$\Pr(Z \leq z) = \alpha/2$ を満たす z は $-z(\alpha/2)$ である．このような点を，**標準正規分布の下側 $\boldsymbol{\alpha/2}$ 点**（図 8.6 の左裾の点）と呼ぶ．

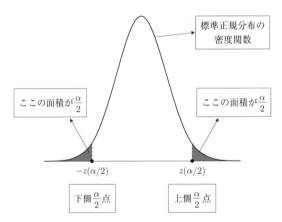

図 **8.6** 標準正規分布の上側 $\alpha/2$ 点および下側 $\alpha/2$ 点

以上より，

$$1 - \alpha = \Pr(-z(\alpha/2) \leq Z \leq z(\alpha/2)) = \Pr\left(-z(\alpha/2) \leq \frac{\hat{p} - p}{\sqrt{\hat{p}(1-\hat{p})/n}} \leq z(\alpha/2)\right)$$

である．最後の式の確率のカッコの中を変形すると，

---

[10] この二項分布の漸近正規性と言われる性質はド・モアブル=ラプラスの極限定理として知られている．証明については，例えば，[12, 26] の定理 6.3 を参照されたい．

[11] 分布の近似は数学的には分布収束で担保される．確率変数列 X_n が確率変数 X に分布収束するとは，X_n の分布関数 F_n が X の分布関数 F のすべての連続点 x で F に収束することである，つまり，$\lim_{n \to \infty} F_n(x) = F(x)$ が成り立つことである．分布収束に関する性質の詳しいことは [10, 12] などを参照されたい．

$$1 - \alpha = \Pr\left(\hat{p} - \sqrt{\frac{\hat{p}(1-\hat{p})}{n}}z(\alpha/2) \le p \le \hat{p} + \sqrt{\frac{\hat{p}(1-\hat{p})}{n}}z(\alpha/2)\right)$$

となる. 母比率 p の区間推定は以下のように与えられる.

手順 8.3　母比率 p の区間推定

$x_1, x_2, \ldots, x_n$ を母集団分布 $\mathrm{Bin}(1, p)$ より生成されたデータであるとする. このとき, 母比率 p の $1 - \alpha$ の近似信頼区間は以下のように定まる.

$$\left[\hat{p} - \sqrt{\frac{\hat{p}(1-\hat{p})}{n}}z(\alpha/2), \ \ \hat{p} + \sqrt{\frac{\hat{p}(1-\hat{p})}{n}}z(\alpha/2)\right]$$

　R による区間推定法を紹介する. 1 の個数 x と データの個数 n に対して, 母比率 p の信頼度 0.95 の信頼区間を出力したい場合は, 下記のコードを実行すればよい.

```
hatp <- x/n
alpha <- 0.05
zq <- qnorm(alpha/2, lower.tail=F)
p_lower <- hatp - zq * sqrt(hatp*(1-hatp)/n) # 信頼下限
p_upper <- hatp + zq * sqrt(hatp*(1-hatp)/n) # 信頼上限
c(p_lower, p_upper) # 信頼区間
```

1 行目においては, p の点推定値 $\hat{p}$ を指定している. 2 行目においては, 信頼度 $1 - \alpha$ における α を指定している (ここでは, 0.05 が指定されている). 3 行目においては, 標準正規分布 $\mathcal{N}(0, 1)$ の上側 $\alpha/2$ 点 $z(\alpha/2)$ を求めている. 4 行目は信頼下限を求めており, 5 行目は信頼上限を求めている. 6 行目は 母比率 p の 信頼度 1-alpha の信頼区間をベクトルの形式で出力する.

◆　**例題 8.8　続・品質チェック**　◆

機械 A で作られた製品が不良品である場合は $X = 1$, そうでない場合は $X = 0$ とすると, X は二項分布 $\mathrm{Bin}(1, p)$ に従う. 機械 A で作られた製品 400 個 (データの個数 n) を無作為に抽出し, 不良品の個数を数えたところ 10 個 (n 個のうちの 1 の個数) であった. このとき, 母比率 p の信頼度 0.95 の信頼区間を求めよ.

【解答】 手順 8.3 より, 母比率 p の信頼度 0.95 の信頼区間を求めることができる.

```
x <- 120
n <- 2400
hatp <- x/n
alpha <- 0.05
```

```
zq <- qnorm(alpha/2, lower.tail=F)
p_lower <- hatp - zq * sqrt(hatp*(1-hatp)/n)
p_upper <- hatp + zq * sqrt(hatp*(1-hatp)/n)
c(p_lower, p_upper)
 [1] 0.04128055 0.05871945
```

以上より, p の信頼度 0.95 の信頼区間は, およそ $[0.041, 0.059]$ である. $\qquad\square$

演習問題

問題 8.1　$X_1, \ldots, X_n$ は $\mathcal{N}(\mu, 1)$ からのランダムサンプルとする. このとき, 未知パラメータ μ の最尤推定量を求めよ.

問題 8.2　$X_1, \ldots, X_n$ は $\mathcal{N}(1, \sigma^2)$ からのランダムサンプルとする. このとき, 未知パラメータ σ^2 の最尤推定量を求めよ.

問題 8.3　$X_1, \ldots, X_n$ は $\mathrm{Po}(\lambda)$ からのランダムサンプルとする. このとき, 以下の問いに答えよ.

(a) λ の最尤推定量 $\hat{\lambda}$ を求めよ.

(b) $\mathrm{Po}(1)$ から乱数を発生させて, $n = 10, 100, 1000, 10000, 100000$ でバイアスと分散を計算して, 最尤推定量が一致推定量であるかを確認せよ.

問題 8.4🐾　$X_1, \ldots, X_n$ は以下のパラメータ θ $(0 < \theta < 1)$ を持つ幾何分布

$$f(x; \theta) = \theta(1-\theta)^x, \quad x \in \{0, 1, 2, \ldots\}$$

からのランダムサンプルとする. このとき, 以下の問いに答えよ.

(a) θ のモーメント法による推定量 $\tilde{\theta}$ を求めよ.

(b) θ の最尤推定量 $\hat{\theta}$ を求めよ.

(c) $\theta = 0.5$ から乱数を発生させて, $n = 10, 100, 1000, 10000, 100000$ でバイアスと分散を計算して, モーメント法による推定量と最尤推定量が一致推定量であるかを確認せよ.

問題 8.5　次のような $\mathrm{Po}(\lambda)$ からのランダムサンプルについて, 以下の問いに答えよ.

$$2, \ 0, \ 10, \ 0, \ 1, \ 2, \ 1, \ 2, \ 3, \ 0, \ 2, \ 1, \ 2, \ 1$$

(a) 尤度関数を求めよ.

(b) 最尤推定量を求めよ.

(c) R の optimize() を用いて, 最尤推定量を求めよ. また上で求めた最尤推定量と比較せよ.

問題 8.6　次のような $\mathcal{N}(\mu, \sigma^2)$ からのランダムサンプルについて, 以下の問いに答えよ.

$$4.87, \ 4.29, \ 5.51, \ 5.11, \ 3.58, \ 5.54, \ 6.96, \ 4.92, \ 4.28$$

(a) 尤度関数を求めよ.

(b) R の optim() を用いて[12]), μ と σ^2 の最尤推定量を求めよ.

---

[12] optimize() と optim() はそれぞれある関数を最小化点を返す R 内の関数である. optimize() は変数が 1 つの場合にのみ使用可能であるが, optim() は変数が 2 つ以上のときも用いることができる.

問題 **8.7**🐾 ある釣り堀における鯉の数 N を推定するために，この釣り堀から C 匹の鯉を捕獲して，これらに印をつけて再び釣り堀に戻す．そして，しばらく時間をおいたのち，再びこの釣り堀から n 匹の鯉を捕獲したとき，n 匹中 X 匹がマークのついた鯉であったとする．このとき，N の最尤推定量 $\hat{N}$ を求めよ[13].

問題 **8.8** データ 4.87, 4.29, 5.51, 5.11, 3.58, 5.54, 6.96, 4.92, 4.28 を $\mathcal{N}(\mu, \sigma^2)$ からのランダムサンプルとする．ただし，μ と σ^2 は未知である．このとき，μ の信頼度 0.95 信頼区間を求めよ．

問題 **8.9** データ 20, 50, 40, 55, 60, 33, 45, 90, 43, 70 を $\mathcal{N}(\mu, \sigma^2)$ からのランダムサンプルとする．ただし，μ と σ^2 は未知である．このとき，σ^2 の信頼度 0.95 信頼区間を求めよ．

問題 **8.10** コイン投げを 1000 回行い，そのうち表が出た回数が 550 回であった．このとき，表の出る確率 p の信頼度 0.95 信頼区間を求めよ．

---

[13]このような調査法を標識再捕獲法と呼ぶ.

第 9 章

検定

　日常的な用語としての「検定」とは，学力検定とか品質検定などの例でみられるように，検査をして一定の条件が満たされているかどうかを判定することを意味している．この場合，検定の対象は個体であり，検定の基準は質的な諸条件の組み合わせから成ることが多い．統計的検定は，母集団に関する仮説の採否を観測データの結果と照らして判定することである．一定の基準に基づいて「判断を下す」かぎりにおいて，統計的検定は広い意味の検定と同じように，正しい「判断」を導くことを目的としている．しかし，統計的検定の対象は母集団に関する仮説であるから，個体ではなく集団の特性であり，検定の基準は確率という量的指標に特定される．そして，統計的検定は観測データに基づいて一般的な判断を導く方法であり，経験的知識から普遍的知識を導く方法といってよい．

　本章では，統計的検定（以降「検定」という）を概説し，いくつかのスタンダードな検定を紹介する．まず，9.1 節で検定の考え方について説明し，9.2 節で検定の基礎である 2 種の誤りと検出力について説明する．9.3 節から 9.10 節までは具体的な検定について紹介する．

9.1　検定とは

　表が出る確率 p が未知である（公正であるかどうかわからない）コインを 10 回投げる実験を行った．各回の結果が表であれば 1 と記録し，裏であれば 0 と記録することによって，以下のようなデータを得た．

$$1,\ 0,\ 1,\ 1,\ 1,\ 1,\ 1,\ 1,\ 1,\ 1 \tag{9.1}$$

このようなデータを用いて，表の出やすさを検証する問題を考える．もし投げたコインが公正（$p = 1/2$）であれば，結果として表が出る回数は 5 回程度であると考えられる．一方，データ (9.1) を見れば，表が出やすいように改造された不正なコインを投げた可能性が疑われるため，「コインは不正である」と結論付けたくなる．しかし，コインをさらに多くの回数投げた場合，

同様の結果（表が出やすい傾向）が得られるであろうか？ データ (9.1) は本当に不正なコインを投げて得られた結果なのか，それとも公正なコインを 10 回投げてたまたま起こった結果なのか（観測誤差の範囲内なのか），意見が分かれるところであろう．そこで，ある客観的な判断に基づいて，データ (9.1) から「コインは不正である」という主張を支持するかどうかを決定する必要がある．その際に利用する客観的な判断が**仮説検定**である．

　仮説検定とは，母集団分布から生成されたデータを使って，「パラメータに関するある仮説」が正しいかどうかを判断する方法である．ここで，「パラメータに関するある仮説」とは「主張したい仮説の否定」を意味し，**帰無仮説**と呼ばれる（記号は $\mathcal{H}$ を用いる）．そして，帰無仮説の否定，つまり，「主張したい仮説」を**対立仮説**と呼ぶ（記号は $\mathcal{A}$ を用いる）．冒頭のコイン投げの例でコインが不正であることを確かめたいのであれば，帰無仮説と対立仮説は，それぞれ，次のようになる．

　　帰無仮説 $\mathcal{H}$：コインは公正である．
　　対立仮説 $\mathcal{A}$：コインは不正である（表が出やすい）．

これを数式で書くと，

$$\mathcal{H} \ : \ p = \frac{1}{2} \ \ \text{vs} \ \ \mathcal{A} \ : \ p > \frac{1}{2}$$

と表す．

　仮説検定では，「帰無仮説 $\mathcal{H}$ が正しいとき表の回数が 9 回という結果はどの程度出現するかという確率」を求めて，その確率をもとにデータ (9.1) が（コインが公正であるにもかかわらず）偶然得られたのか，（コインは不正であるために）必然的に得られたのかを判断する．表の回数 9 のように得られたデータを要約し，仮説検定の判断に用いる量を**検定統計量**と呼ぶ．

　それでは，帰無仮説 $\mathcal{H}$ が正しいとき表が x 回出る確率について考えてみよう．1 回投げたとき表が出る確率が p であるコインを 10 回投げたとき，表が出た回数を確率変数 X とおくと X は二項分布 $\mathrm{Bin}(10, p)$ に従う．6.1 節より，確率変数 X の確率関数は

$$f_X(x; p) = \begin{cases} {}_{10}\mathrm{C}_x \times p^x (1-p)^{10-x} & x = 0, 1, \dots, 10 \\ 0 & \text{その他} \end{cases}$$

と表すことができる．したがって，公正なコイン ($p = 1/2$) を 10 回投げたとき 9 回表が出る確率は

$$f_X\left(9; \frac{1}{2}\right) = {}_{10}\mathrm{C}_9 \left(\frac{1}{2}\right)^9 \left(\frac{1}{2}\right)^1 = \frac{10}{2^{10}} \approx 0.01$$

であり，確率は非常に小さいことがわかる．つまり，帰無仮説 $\mathcal{H}$ が正しいとき，10 回のコイン投げ実験を 100 回繰り返したとすると，データ (9.1) のようなデータは約 1 回程度しか現れ

ないことを意味している．このことから，帰無仮説 $\mathcal{H}$ が正しいと考えると，データ (9.1) は
めったに起こらないことが起こったということになる．このとき，仮説検定では，帰無仮説
$\mathcal{H}$ は正しくてめったに起こらないことがたまたま起こったと考えるよりも，帰無仮説 $\mathcal{H}$ が正
しくなかったと判断する．この判断を「帰無仮説 $\mathcal{H}$ を棄却する」といい，「帰無仮説 $\mathcal{H}$ を棄
却し対立仮説 $\mathcal{A}$ を支持する」と結論付ける．

もう少し正確にいうと，帰無仮説 $\mathcal{H}$ が正しい下の観測で，そのデータより稀なデータが得
られる確率（この確率を **P 値**[1]という）が**有意水準** α より小さいときに帰無仮説 $\mathcal{H}$ を棄却す
る．ここで，有意水準 α とは，帰無仮説を棄却する確率の基準となる値を意味しており，通
例として $0.05(= 5\%)$ あるいは $0.01(= 1\%)$ が用いられる．コイン投げの例では，$\mathcal{H}$ が正しい
ことは，$p = 1/2$ を意味する．また，データ (9.1) より稀なデータとは，表の回数が 9 回のデ
ータと 10 回のデータを意味する．よって，二項分布の確率関数を利用すると，P 値は

$$f_X\left(9; \frac{1}{2}\right) + f_X\left(10; \frac{1}{2}\right) = {}_{10}C_9\left(\frac{1}{2}\right)^9\left(\frac{1}{2}\right)^1 + \left(\frac{1}{2}\right)^{10} = \frac{10}{2^{10}} + \frac{1}{2^{10}} \approx 0.01$$

と計算できる．したがって，有意水準 0.05 で検定する場合，P 値は約 0.01 であり，有意水
準 0.05 より小さいので，帰無仮説 $\mathcal{H}$ を棄却し，対立仮説 $\mathcal{A}$ を支持する．すなわち，データ
(9.1) に対する検定の結果から「コインは不正である（表が出やすい）」と結論付けことができ
る．

なお，帰無仮説 $\mathcal{H}$ を棄却できない場合は，結論を保留あるいは帰無仮説をとりあえずは容
認しておくという消極的な立場をとる．このことは帰無仮説 $\mathcal{H}$ が正しいことを意味するもの
ではないため注意が必要である．したがって，仮説検定の特徴は，帰無仮説 $\mathcal{H}$ が棄却された
ときに限り積極的に対立仮説が妥当であることを主張できるということになる．

9.2 2種類の誤りと検出力

仮説検定では 2 種類の誤りをおかす可能性がある．1 つは帰無仮説 $\mathcal{H}$ が正しいときに帰無
仮説 $\mathcal{H}$ を棄却してしまう誤りで，もう 1 つは対立仮説 $\mathcal{A}$ が正しいときに帰無仮説 $\mathcal{H}$ を棄却
しない誤りである．前者を**第 1 種の誤り**，後者を**第 2 種の誤り**という（図 9.1 参照）．

なお，**有意水準 α の仮説検定**とは，第 1 種の誤りをおかす確率が有意水準 α 以下になるよ
うに構成されている検定をいう．検定法としてはこの 2 種類の誤りをおかす確率ができるだ
け小さくなるようなものが望ましいが，2 種類の誤りを同時に小さくすることは原理的に不可
能である．そのため，第 1 種の誤りの確率が α 以下となる検定のうち，第 2 種の誤りをおか

---

[1]P 値は有用な統計指標ではあるが，誤用と誤解が散見され，使用には注意が必要である．そのため P 値の適
切な使用法について，2016 年に American Statistical Association (ASA) が P 値に関する声明（ASA 声明）
[36] を示しており，また 2017 年に日本計量生物学会が ASA 声明の日本語訳 [28] を作成し公開している．

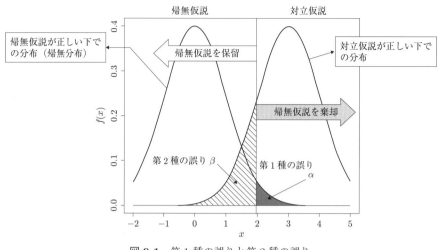

図 9.1 第 1 種の誤りと第 2 種の誤り

す確率を小さくするような検定を定めることが望ましいとされている．また，1 から第 2 種の誤りをおかす確率 β を引いた値 $(1 - \beta)$ を**検出力**という．これは，対立仮説 $\mathcal{A}$ の正当性を検出する確率を与えることになるので，検出力の大きな検定方式が望ましい．

　ここで，以降の各節で紹介する検定について少し触れておく．

　身長やテストの点数などの量的データに関して，平均値がある値よりも大きいのかそれとも小さいのかのような検定を行う場合は，9.3 節の 1 標本の平均の検定を用いる．一方で，A クラスの学生のテストの点数と B クラスの学生のテストの点数の比較のように，対応のない 2 つのデータの平均の差異を検証したい場合は 9.4 節の 2 標本の平均の検定を用いる．また，学生がテストを 2 回受験した場合の 1 回目のテストの点数と 2 回目のテストの点数の比較のように，比較するデータに対応がある場合の平均の差異の検証を行う場合には，9.5 節の対応のある標本の場合の平均の差の検定を用いる．

　例えば，コインの表裏のような 2 値データに対して，コインの表裏が同様に確からしいこと (母比率 = 0.5) を確かめたければ，9.6 節の 1 標本の場合の母比率の検定を用いる．また，異なる 2 つのコインの表が出る比率の差などを検定したい場合は，9.7 節の 2 標本の場合の母比率の検定を用いる．

　さらに，サイコロのような多値のデータに関してすべての目が同様に確からしいことを検定したいときは 9.8 節の適合度検定を用いる．2 つの質的データに関して，独立かどうかを確かめたいときは 9.9 節の独立性の検定を用いる．さらに 2 つの質的データに関して，行と列が同じ分類になっている分割表に関しては独立性が成り立たない場合が多いので，9.10 節の対称性，周辺同等性を考える必要がある．これらを下記の表 9.1 で本章で扱う検定の対応表を与えておく．

表 9.1　検定を行う際のデータの種類と標本数の対応

尺度＼標本数	1 標本	2 標本		
		対応なし	対応あり	
量的データ	9.3 節：平均の検定	9.4 節：平均の検定	9.5 節：平均の差の検定	
質的データ 2 値	9.6 節：比率の検定	9.7 節：比率の検定	9.9 節：独立性の検定	9.10 節：McNemar 検定
質的データ 多値	9.8 節：適合度検定	――		9.10 節：対称性の検定

9.3　正規母集団における平均の検定（1 標本問題）

$x_1, x_2, \ldots, x_n$ は母集団分布 $\mathcal{N}(\mu, \sigma^2)$ より生成されたデータであるとする．ただし，μ および σ は未知であるとする．このとき，平均 μ とある定数 μ_0 に関する仮説について考える．

両側仮説　$\mathcal{H} : \mu = \mu_0$ vs $\mathcal{A} : \mu \neq \mu_0$
右片側仮説　$\mathcal{H} : \mu = \mu_0$ vs $\mathcal{A} : \mu > \mu_0$
左片側仮説　$\mathcal{H} : \mu = \mu_0$ vs $\mathcal{A} : \mu < \mu_0$

対立仮説が $\mu \neq \mu_0$ である両側仮説を検定することを**両側検定**という．これに対して，対立仮説が $\mu > \mu_0$ である右片側仮説を検定することを**右片側検定**といい，対立仮説が $\mu < \mu_0$ である左片側仮説を検定することを**左片側検定**という．

検定に用いる検定統計量として，

$$t = \frac{\bar{x} - \mu_0}{\sqrt{u^2/n}}$$

を用いる．ただし，

$$\bar{x} = \frac{1}{n}\sum_{i=1}^{n} x_i, \ u^2 = \frac{1}{n-1}\sum_{i=1}^{n}(x_i - \bar{x})^2 \tag{9.2}$$

である．ここで，$\bar{x}$ は標本平均であり μ の点推定値，u^2 は不偏標本分散であり σ^2 の点推定値である．このことから，帰無仮説 $\mathcal{H}$ が正しい場合に t は 0 に近い値をとり，対立仮説 $\mathcal{A}$ が正しい場合に t は 0 から離れた値をとることが期待される (図 9.2)．つまり，どちらの仮説が正しいかに応じて，t の値の大きさが変化するため，仮説の判定に使えそうである．

検定を構成するために，P 値の算出方法について考えよう．帰無仮説 $\mathcal{H}$ が正しいとき，検

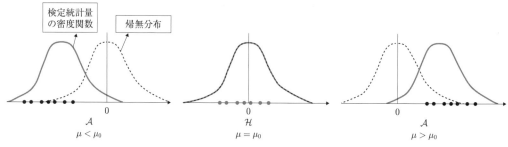

図 **9.2** 検定統計量のふるまい

定統計量は自由度 $n-1$ の t 分布に従うことが知られている[2]．この結果を利用することで，それぞれの検定に対する P 値は，以下のように求めることができる．

両側検定 $2\{1-F_T(|t|)\}$ （図 9.3 の (ii)）
右片側検定 $1-F_T(t)$ （図 9.3 の (iii)）
左片側検定 $F_T(t)$ （図 9.3 の (i)）

この検定は t 検定と呼ばれる．ただし，$F_T(\cdot)$ は自由度 $n-1$ の t 分布の分布関数である．なお，P 値は図 9.3 の (ii) の灰色部分のような自由度 $n-1$ の t 分布の密度関数に関する面積である．実際の P 値の算出には，（手計算[3]で求めるわけではなく）統計ソフト R を用いる．

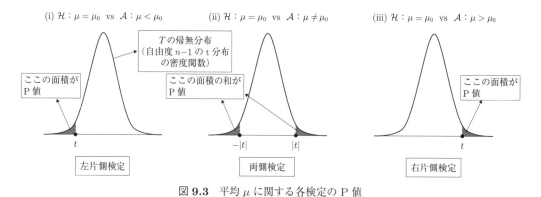

図 **9.3** 平均 μ に関する各検定の P 値

手順 9.1　母平均の検定（1 標本問題）

$x_1, x_2, \ldots, x_n$ は母集団分布 $\mathcal{N}(\mu, \sigma^2)$ より生成されたデータであるとする．平均 μ とある定数 μ_0 に関する仮説について考える．

---

[2]導出については，例えば [25] の P.179(4.4.5) を参照されたい．
[3]R などの計算機を用いない場合は，正規分布表などの数表が利用される．

両側仮説 $\quad \mathcal{H} : \mu = \mu_0 \quad \text{vs} \quad \mathcal{A} : \mu \neq \mu_0$

右片側仮説 $\quad \mathcal{H} : \mu = \mu_0 \quad \text{vs} \quad \mathcal{A} : \mu > \mu_0$

左片側仮説 $\quad \mathcal{H} : \mu = \mu_0 \quad \text{vs} \quad \mathcal{A} : \mu < \mu_0$

検定手順は以下のようになる.

1. 有意水準 α を決める. 通常は, $\alpha = 0.05$.

2. データ $x_1, x_2, \ldots, x_n$ から, 検定統計量

$$t = \frac{\bar{x} - \mu_0}{\sqrt{u^2/n}}$$

を計算する ($\hat{\mu}$ や u^2 は (9.2) を参照されたい).

3. 自由度 $n - 1$ の t 分布の分布関数 $F_T(\cdot)$ を用いて, それぞれの検定に対する P 値を計算する.

両側検定の P 値 $\quad P = 2\{1 - F_T(|t|)\}$

右片側検定の P 値 $\quad P = 1 - F_T(t)$

左片側検定の P 値 $\quad P = F_T(t)$

4. 最終的な判断を下す.

$P \leq \alpha \Rightarrow$ 帰無仮説 $\mathcal{H}$ を棄却し, 対立仮説 $\mathcal{A}$ と支持する

$P > \alpha \Rightarrow$ 帰無仮説 $\mathcal{H}$ を保留する

5. R で P 値を出力するためには, データ x と帰無仮説で指定される定数 mu0 に対して, 以下のコードを実行する.

両側検定

```
t.test(x, mu=mu0, alternative="two.sided")$p.value
```

右片側検定

```
t.test(x, mu=mu0, alternative="greater")$p.value
```

左片側検定

```
t.test(x, mu=mu0, alternative="less")$p.value
```

ここで, 引数 x にはデータを指定し, 引数 alternative は対立仮説のタイプを指定する. alternative="two.sided" とすれば両側検定, alternative="greater" とすれば右片側検定 (対立仮説が $\mu > \mu_0$), alternative="less" とすれば左片側検定 (対立仮説が $\mu < \mu_0$) が行われる. なお, alternative の指定を省略すると両側検定が

行われる．引数 mu には帰無仮説における定数 μ_0 を指定する．ここで紹介するコードは P 値のみを算出するようにしている．R によって求めた P 値とあらかじめ定めた有意水準 α を比較し，$\mathcal{H}$ を棄却するか否かの判断を下す．

◆ **例題 9.1　続・カピバラさん** ◆

例題 8.1 で用いた，21 匹のカピバラの体長 (cm) をまとめたデータ (data8_1.csv) について，正規分布 $\mathcal{N}(\mu, \sigma^2)$ に従っているとするとき，カピバラ全体の平均体長 μ cm は 100 cm と異なるかどうか，すなわち，

$$\mathcal{H} : \mu = 100 \quad \text{vs} \quad \mathcal{A} : \mu \neq 100$$

を，有意水準 $\alpha = 0.05$ で検定せよ．

【解答】 まず，データを x へ格納し，両側検定（手順 9.1 の R コード）における mu0 へ 100 を指定し実行する．つまり，実行コードは以下の通りである．

```
dat <- read.csv("data8_1.csv", header = T)
x <- dat[,1]
t.test(x, mu=100, alternative="two.sided")$p.value
```

すると，以下のような結果が出力される．

```
[1] 0.001212758
```

出力結果の 0.001212758 は，この検定の P 値を表している．よって，P 値は有意水準 $\alpha = 0.05$ より小さいため，有意水準 $\alpha = 0.05$ で帰無仮説 $\mathcal{H}$ は棄却される．したがって，平均身長 μ は 100cm と異なるといえる． □

9.4　正規母集団における平均の検定（2 標本問題）

$x_{11}, x_{12}, \ldots, x_{1n_1}$ は母集団分布 $\mathcal{N}(\mu_1, \sigma_1^2)$ より，$x_{21}, x_{22}, \ldots, x_{2n_2}$ は母集団分布 $\mathcal{N}(\mu_2, \sigma_2^2)$ より生成されたデータであるとする．ただし，$\mu_1, \mu_2, \sigma_1, \sigma_2$ は未知であるとする．このとき，平均 μ_1 と μ_2 に関する仮説について考える．

両側仮説　$\mathcal{H} : \mu_1 = \mu_2 \quad \text{vs} \quad \mathcal{A} : \mu_1 \neq \mu_2$

右片側仮説　$\mathcal{H} : \mu_1 = \mu_2 \quad \text{vs} \quad \mathcal{A} : \mu_1 > \mu_2$

左片側仮説　$\mathcal{H} : \mu_1 = \mu_2 \quad \text{vs} \quad \mathcal{A} : \mu_1 < \mu_2$

9.4.1 等分散の下での検定

2つの分布について，分散が等しい，つまり $\sigma_1^2 = \sigma_2^2 = \sigma^2$ の場合には，**2標本t検定**を用いる．検定統計量は，

$$t = \frac{\bar{x}_1 - \bar{x}_2}{s\sqrt{1/n_1 + 1/n_2}}$$

である．ただし，

$$\bar{x}_1 = \frac{1}{n_1}\sum_{j=1}^{n_1} x_{1j}, \ \bar{x}_2 = \frac{1}{n_2}\sum_{j=1}^{n_2} x_{2j},$$

$$s = \sqrt{\frac{1}{n_1 + n_2 - 2}\left\{\sum_{j=1}^{n_1}(x_{1j} - \bar{x}_1)^2 + \sum_{j=1}^{n_2}(x_{2j} - \bar{x}_2)^2\right\}} \tag{9.3}$$

である．

t は $(\mu_1 - \mu_2)/(\sigma\sqrt{1/n_1 + 1/n_2})$ の推定値と考えられるため，帰無仮説 $\mathcal{H}$ が正しい場合に t は 0 に近い値をとり，対立仮説 $\mathcal{A}$ が正しい場合に t は 0 から離れた値をとることが期待される．つまり，どちらの仮説が正しいかに応じて，t の値の大きさが変化するため，仮説の判定に使えそうである．

検定を構成するために，P値の算出方法について考えよう．帰無仮説 $\mathcal{H}$ が正しいとき，検定統計量は自由度 $n_1 + n_2 - 2$ の t 分布に従うことが知られている[4]．この結果を利用することで，それぞれの検定に対する P 値は，以下のように求めることができる．

両側検定 　$2\{1 - F_T(|t|)\}$
右片側検定 　$1 - F_T(t)$
左片側検定 　$F_T(t)$

ただし，$F_T(\cdot)$ は自由度 $n_1 + n_2 - 2$ の t 分布の分布関数である．

手順 9.2　$\sigma_1^2 = \sigma_2^2 = \sigma^2$ の下での平均の差の検定（2標本問題）

$x_{11}, x_{12}, \ldots, x_{1n_1}$ は母集団分布 $\mathcal{N}(\mu_1, \sigma^2)$ より，$x_{21}, x_{22}, \ldots, x_{2n_2}$ は母集団分布 $\mathcal{N}(\mu_2, \sigma^2)$ より生成されたデータであるとする．平均 μ_1 と μ_2 に関する仮説について考える．

両側仮説 　$\mathcal{H} : \mu_1 = \mu_2$ vs $\mathcal{A} : \mu_1 \neq \mu_2$
右片側仮説 　$\mathcal{H} : \mu_1 = \mu_2$ vs $\mathcal{A} : \mu_1 > \mu_2$
左片側仮説 　$\mathcal{H} : \mu_1 = \mu_2$ vs $\mathcal{A} : \mu_1 < \mu_2$

---

[4]導出については，例えば [25] の p.179(4.4.6)-(i) を参照されたい．

検定手順は以下のようになる.

1. 有意水準 α を決める. 通常は, $\alpha = 0.05$.

2. データ $x_{11}, x_{12}, \ldots, x_{1n_1}, x_{21}, x_{22}, \ldots, x_{2n_2}$ から, 検定統計量

$$t = \frac{\bar{x}_1 - \bar{x}_2}{s\sqrt{1/n_1 + 1/n_2}}$$

を計算する. なお, $\bar{x}_1, \bar{x}_2, s$ の計算については (9.3) を参照されたい.

3. 自由度 $n_1 + n_2 - 2$ の t 分布の分布関数 $F_T(\cdot)$ を用いて, それぞれの検定に対する P 値を計算する.

両側検定の **P** 値　$P = 2\{1 - F_T(|t|)\}$
右片側検定の **P** 値　$P = 1 - F_T(t)$
左片側検定の **P** 値　$P = F_T(t)$

4. 最終的な判断を下す.

$$P \leq \alpha \Rightarrow \text{帰無仮説 } \mathcal{H} \text{ を棄却し, 対立仮説 } \mathcal{A} \text{ と支持する}$$

$$P > \alpha \Rightarrow \text{帰無仮説 } \mathcal{H} \text{ を保留する}$$

5. R で P 値を出力するためには, 母集団分布 $\mathcal{N}(\mu_1, \sigma^2)$ より生成されたデータ x と母集団分布 $\mathcal{N}(\mu_2, \sigma^2)$ より生成されたデータ y に対して, 以下のコードを実行する.

両側検定

```
t.test(x, y, alternative="two.sided", var=T)$p.value
```

右片側検定

```
t.test(x, y, alternative="greater", var=T)$p.value
```

左片側検定

```
t.test(x, y, alternative="less", var=T)$p.value
```

ここで, 引数 x や y にはデータを指定し, 引数 alternative は対立仮説のタイプを指定する. alternative="two.sided" とすれば両側検定, alternative="greater" とすれば右片側検定 (対立仮説が $\mu_1 > \mu_2$), alternative="less" とすれば左片側検定 (対立仮説が $\mu_1 < \mu_2$) が行われる. なお, alternative の指定を省略すると両側検定が行われる. 引数 var に T を入れると, 2 標本 t 検定が実行される. ここで紹介するコードは P 値のみを算出するようにしている. R によって出力された P 値とあらかじめ定めた有意水準を比較し, $\mathcal{H}$ を棄却するか否かの判断を下す.

9.4.2 等分散性の検定 🐾

2標本 t 検定を利用する前の事前検定として，等分散性 $(\sigma_1^2 = \sigma_2^2 = \sigma^2)$ の検定がある．$x_{11}, x_{12}, \ldots, x_{1n_1}$ は母集団分布 $\mathcal{N}(\mu_1, \sigma_1^2)$ より生成されたデータ，$x_{21}, x_{22}, \ldots, x_{2n_2}$ は母集団分布 $\mathcal{N}(\mu_2, \sigma_2^2)$ より生成されたデータであるとする．ただし，$\mu_1, \mu_2, \sigma_1, \sigma_2$ は未知であるとする．このとき，分散 σ_1^2 と σ_2^2 が等しいかどうかについて考える．

$$\mathcal{H} \; : \; \sigma_1^2 = \sigma_2^2 \quad \text{vs} \quad \mathcal{A} \; : \; \sigma_1^2 \neq \sigma_2^2$$

このような検定には，**F 検定**を用いる．検定統計量は，

$$f = \frac{u_1^2}{u_2^2}$$

である．ただし，

$$
\begin{aligned}
&\bar{x}_1 = \frac{1}{n_1}\sum_{j=1}^{n_1} x_{1j}, \; \bar{x}_2 = \frac{1}{n_2}\sum_{j=1}^{n_2} x_{2j}, \\
&u_1^2 = \frac{1}{n_1-1}\sum_{j=1}^{n_1}(x_{1j} - \bar{x}_1)^2, \; u_2^2 = \frac{1}{n_2-1}\sum_{j=1}^{n_2}(x_{2j} - \bar{x}_2)^2
\end{aligned}
\tag{9.4}
$$

である．f は σ_1^2/σ_2^2 の推定値と考えられるため，帰無仮説 $\mathcal{H}$ が正しい場合に f は 1 に近い値をとり，対立仮説 $\mathcal{A}$ が正しい場合に f は 1 から離れた値をとることが期待される．つまり，どちらの仮説が正しいかに応じて，f の値の大きさが変化するため，仮説の判定に使えそうである．

検定を構成するために，P 値の算出方法について考えよう．帰無分布が自由度 $(n_1 - 1, n_2 - 1)$ の F 分布である[5]ことを利用し，P 値 $\min\{F_F(f),\, 1 - F_F(f)\}$ を算出することができる．ただし，$F_F(\cdot)$ は自由度 $(n_1 - 1, n_2 - 1)$ の F 分布の分布関数である．

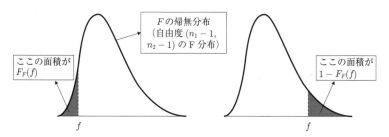

図 **9.4** 分散の比 σ_1^2/σ_2^2 に関する F 検定の P 値

---

[5]導出については，例えば [25] の p.180(4.4.6)-(ii) を参照されたい．

$x_{11}, x_{12}, \ldots, x_{1n_1}$ は母集団分布 $\mathcal{N}(\mu_1, \sigma_1^2)$ より，$x_{21}, x_{22}, \ldots, x_{2n_2}$ は母集団分布 $\mathcal{N}(\mu_2, \sigma_2^2)$ より生成されたデータであるとする．平均 σ_1^2 と σ_2^2 の同等性仮説について考える．

$$\sigma_1^2 = \sigma_2^2 \quad \text{vs} \quad \mathcal{A} : \sigma_1^2 \neq \sigma_2^2$$

検定手順は以下のようになる．

1. 有意水準 α を決める．通常は，$\alpha = 0.05$.

2. データ $x_{11}, x_{12}, \ldots, x_{1n_1}, x_{21}, x_{22}, \ldots, x_{2n_2}$ から，検定統計量

$$f = \frac{u_1^2}{u_2^2}$$

を計算する．なお，u_1^2 および u_2^2 の計算については (9.4) を参照されたい．

3. 自由度 $(n_1 - 1, n_2 - 1)$ の F 分布の分布関数 $F_F(\cdot)$ を用いて，P 値 $\min\{F_F(f),\ 1 - F_F(f)\}$ を算出する．

4. 最終的な判断を下す．

$$P \leq \alpha \Rightarrow \text{帰無仮説 } \mathcal{H} \text{ を棄却し，対立仮説 } \mathcal{A} \text{ と判断する}$$

$$P > \alpha \Rightarrow \text{帰無仮説 } \mathcal{H} \text{ を受容する}$$

5. R で P 値を出力するためのコードについて紹介する．母集団分布 $\mathcal{N}(\mu_1, \sigma_1^2)$ より生成されたデータ x と母集団分布 $\mathcal{N}(\mu_2, \sigma_2^2)$ より生成されたデータ y に対して，

```
var.test(x, y)$p.value
```

と入力する．ここで，引数 x や y にはデータを指定する．R によって出力された P 値とあらかじめ定めた有意水準を比較し，$\mathcal{H}$ を棄却するか否かの判断を下す．

　　等分散性の仮説が受容された場合は，2 標本 t 検定を行い，等分散性の仮説が棄却された場合は次に紹介する Welch（ウェルチ）の t 検定を行うとよい．

9.4.3　不均一分散においても使える検定 ☃

　2 つの分布について，分散が異なる，つまり $\sigma_1^2 \neq \sigma_2^2$ の場合において，2 つの分布の平均が等しいことを検定するためには，**Welch**（ウェルチ）の t 検定を用いる．

両側仮説　$\mathcal{H} : \mu_1 = \mu_2$ vs $\mathcal{A} : \mu_1 \neq \mu_2$

右片側仮説　$\mathcal{H} : \mu_1 = \mu_2$ vs $\mathcal{A} : \mu_1 > \mu_2$

左片側仮説　$\mathcal{H} : \mu_1 = \mu_2$ vs $\mathcal{A} : \mu_1 < \mu_2$

Welch の検定統計量は,

$$t = \frac{\bar{x}_1 - \bar{x}_2}{\sqrt{u_1^2/n_1 + u_2^2/n_2}}$$

である. ここで $\bar{x}_1, \bar{x}_2, u_1^2, u_2^2$ は (9.4) に従う. t は $(\mu_1 - \mu_2)/\sqrt{\sigma_1^2/n_1 + \sigma_2^2/n_2}$ の推定値と考えられるため, 帰無仮説 $\mathcal{H}$ が正しい場合に t は 0 に近い値をとり, 帰無仮説 $\mathcal{H}$ が正しい場合に t は 0 から離れた値をとることが期待される. つまり, どちらの仮説が正しいかに応じて, t の値の大きさが変化するため, 仮説の判定に使えそうである.

　検定を構成するために, P 値の算出方法について考えよう. 帰無分布が自由度 ν の t 分布で近似できることを利用し近似的な P 値を算出する. ここで, 自由度 ν は

$$\nu = \frac{\left(\dfrac{u_1^2}{n_1} + \dfrac{u_2^2}{n_2}\right)^2}{\dfrac{u_1^4}{n_1^2(n_1 - 1)} + \dfrac{u_2^4}{n_2^2(n_2 - 1)}} \tag{9.5}$$

である. 自由度 ν の t 分布を利用することで, それぞれの検定に対する P 値は, 以下のように求めることができる:

両側検定　$2\{1 - G_T(|t|)\}$
右片側検定　$1 - G_T(t)$
左片側検定　$G_T(t)$

ただし, $G_T(\cdot)$ は自由度 ν の t 分布の分布関数である. なお, P 値は図 9.3(132 ページ) の (ii) の灰色部分のような自由度 ν の t 分布の密度関数に関する面積である.

手順 9.4　平均の差の検定（2 標本問題）

$x_{11}, x_{12}, \ldots, x_{1n_1}$ は母集団分布 $\mathcal{N}(\mu_1, \sigma_1^2)$ より, $x_{21}, x_{22}, \ldots, x_{2n_2}$ は母集団分布 $\mathcal{N}(\mu_2, \sigma_2^2)$ より生成されたデータであるとする. 平均 μ_1 と μ_2 に関する仮説について考える.

両側仮説　$\mathcal{H} : \mu_1 = \mu_2$ vs $\mathcal{A} : \mu_1 \neq \mu_2$
右片側仮説　$\mathcal{H} : \mu_1 = \mu_2$ vs $\mathcal{A} : \mu_1 > \mu_2$
左片側仮説　$\mathcal{H} : \mu_1 = \mu_2$ vs $\mathcal{A} : \mu_1 < \mu_2$

検定手順は以下のようになる.

1. 有意水準 α を決める. 通常は, $\alpha = 0.05$.
2. データ $x_{11}, x_{12}, \ldots, x_{1n_1}, x_{21}, x_{22}, \ldots, x_{2n_2}$ から, 検定統計量

$$t = \frac{\bar{x}_1 - \bar{x}_2}{\sqrt{u_1^2/n_1 + u_2^2/n_2}}$$

を計算する．なお，$\bar{x}_1, \bar{x}_2, u_1^2$ および u_2^2 の計算については (9.4) を参照されたい．

3. 自由度 ν の t 分布の分布関数 $G_T(\cdot)$ を用いて，それぞれの検定に対する P 値を計算する．ただし，ν の計算は (9.5) を参照されたい．

<blockquote>

両側検定の **P** 値 $\quad P = 2\{1 - G_T(|t|)\}$

右片側検定の **P** 値 $\quad P = 1 - G_T(t)$

左片側検定の **P** 値 $\quad P = G_T(t)$

</blockquote>

4. 最終的な判断を下す．

<blockquote>

$P \le \alpha \Rightarrow$ 帰無仮説 $\mathcal{H}$ を棄却し，対立仮説 $\mathcal{A}$ と支持する

$P > \alpha \Rightarrow$ 帰無仮説 $\mathcal{H}$ を保留する

</blockquote>

5. R で P 値を出力するためには，母集団分布 $\mathcal{N}(\mu_1, \sigma_1^2)$ より生成されたデータ x と母集団分布 $\mathcal{N}(\mu_2, \sigma_2^2)$ より生成されたデータ y に対して，以下のコードを実行する．

両側検定

```
t.test(x, y, alternative="two.sided", var=F)$p.value
```

右片側検定

```
t.test(x, y, alternative="greater", var=F)$p.value
```

左片側検定

```
t.test(x, y, alternative="less", var=F)$p.value
```

ここで，引数 x や y にはデータを指定し，引数 alternative は対立仮説のタイプを指定する．alternative="two.sided" とすれば両側検定，alternative="greater" とすれば右片側検定（対立仮説が $\mu_1 > \mu_2$），alternative="less" とすれば左片側検定（対立仮説が $\mu_1 < \mu_2$）が行われる．なお，alternative の指定を省略すると両側検定が行われる．引数 var に論理値 F を入れると，Welch の検定が実行される．ここで紹介するコードは P 値のみを算出するようにしている．R によって出力された P 値とあらかじめ定めた有意水準を比較し，$\mathcal{H}$ を棄却するか否かの判断を下す．

◆── **例題 9.2　学力比較** ◆

2 つの高校 A, B において，3 年生の日本史の学力に差があるかどうかを調べるため，A 高校と B 高校からそれぞれ 12 人を無作為に選んで，実力テストを行ったところ，次のよ

うな結果 (data9_1.csv) を得た.

A 高校	52	71	48	65	52	68	63	22	59	52	62	55
B 高校	65	98	73	80	58	50	48	47	86	59	82	87

A 高校と B 高校で日本史の学力に差があるといえるか, 有意水準 $\alpha = 0.05$ で検定せよ.

【解答】 まず, data9_1.csv の保存されている場所へ作業ディレクトリを変更し, 以下のコマンドを実行し, データを読み込む.

```
dat <- read.csv("data9_1.csv", header = T)
x <- dat$A
y <- dat$B
```

2 行目は読み込んだデータからベクトル形式で A 高校のデータを x に, 3 行目は B 高校のデータを y に保存するための処理である. 事前検定として, 等分散性の検定を実行する.

```
var.test(x, y)$p.value
 [1] 0.3393517
```

出力結果の 0.3393517 は, この検定の P 値を表している. よって, P 値は有意水準 $\alpha = 0.05$ より大きいため, 有意水準 $\alpha = 0.05$ で帰無仮説 $\mathcal{H}$ は棄却されない. したがって, σ_1^2 は σ_2^2 と等しくないとは言えない. この結果より, 等分散性が支持されるため, 2 標本 t 検定を用いる[6].

両側検定 (手順 9.2 の R コード) を実行すると, 以下のような結果が出力される.

```
t.test(x, y, alternative="two.sided", var=T)$p.value
 [1] 0.03859327
```

出力結果の 0.03859327 は, この検定の P 値を表している. よって, P 値は有意水準 $\alpha = 0.05$ より小さいため, 有意水準 $\alpha = 0.05$ で帰無仮説 $\mathcal{H}$ は棄却される. したがって, μ_1 は μ_2 と異なるといえる. つまり, A 高校と B 高校で日本史の学力に差があるといえる. □

9.5 正規母集団における平均の検定（対応のある標本の場合）

入浴後の血圧値 x(mmHg) と安静時の血圧値 y(mmHg), レッスン前のボウリングのスコア x（点）とレッスン後のスコア y（点）のように, 同一個体から得られた 2 組の標本に対する平均の差の検定について考えてみる. n 個の対になったデータ $(x_1, y_1), (x_2, y_2), \ldots, (x_n, y_n)$ が得られたとする. 対になったデータの差 $x_1 - y_1, x_2 - y_2, \ldots, x_n - y_n$ は母集団分布 $\mathcal{N}(\mu, \sigma^2)$ より生成されたデータであるとする. このとき, 差がないということは $X - Y$ の平均を μ として $\mu = 0$ であることを意味するから,

---

[6]実際に検定で棄却されなかったからといって, 帰無仮説が正しいというわけではないことに注意しなければならない. 実際には分散が違うとは言えないだけであるが, ここでは等分散と想定して検定している.

$$\mathcal{H} : \mu = 0 \quad \text{vs} \quad \mathcal{A} : \mu \neq 0$$

という形の検定問題に帰着されることがわかる．したがって，1標本の平均の検定（手順 9.1）において $\mu_0 = 0$ と設定し，検定すればよい．

同様に，1つめの項目 x の平均が 2 つめの項目 y の平均より大きいかどうかの検定

$$\mathcal{H} : \mu = 0 \quad \text{vs} \quad \mathcal{A} : \mu > 0$$

は 1 標本の平均の検定（手順 9.1）において $\mu_0 = 0$ と設定し，右片側検定すればよい．

また，1 つめの項目 x の平均が 2 つめの項目 y の平均より小さいかどうかの検定

$$\mathcal{H} : \mu = 0 \quad \text{vs} \quad \mathcal{A} : \mu < 0$$

は 1 標本の平均の検定（手順 9.1）において $\mu_0 = 0$ と設定し，左片側検定すればよい．

◆ 例題 9.3 薬の効果 ◆

無作為に選ばれた被験者 15 人に対して薬の投与前の血圧 x(mmHg) と投与後の血圧 y(mmHg) を測定したところ，次の表のような結果 (data9_2.csv) が得られた．

被験者	1	2	3	4	5	6	7	8	9	10	11	12	13	14	15
投与前	172	166	172	169	161	171	170	167	176	168	156	171	176	170	169
投与後	133	128	125	131	133	135	137	124	132	134	134	132	138	134	120

この結果から，薬の投与によって血圧は下がったといえるか，有意水準 $\alpha = 0.05$ で検定せよ．

【解答】 まず，data9_2.csv の保存されている場所へ作業ディレクトリを変更し，以下のコマンドを実行し，データを読み込む．

```
dat <- read.csv("data9_2.csv", header = T)
x <- dat$Before - dat$After
```

2 行目は，投与前の血圧から投与後の血圧を引いた差のデータを作成し，ベクトル形式で x に保存するための処理である．

差のデータは母集団分布 $\mathcal{N}(\mu, \sigma^2)$ より生成されたデータであるとする．このとき，薬の投与によって血圧は下がったということは，$\mu > 0$ であることを意味する．つまり，平均 μ が 0 より大きいかどうかを判定する右片側仮説

$$\mathcal{H} : \mu = 0 \quad \text{vs} \quad \mathcal{A} : \mu > 0$$

に対する検定を用いればよい．手順 9.1 より，右片側検定を実行すると，以下のような結果が出力される．

```
t.test(x, mu=0, alternative="greater")$p.value
 [1] 2.618749e-12
```

出力結果の $2.618749\mathrm{e}\text{-}12 (2.618749 \times 10^{-12})$ は，この検定の P 値を表している．よって，P 値は有意水準 $\alpha = 0.05$ より小さいため，有意水準 $\alpha = 0.05$ で帰無仮説 $\mathcal{H}$ は棄却される．したがって，$\mu > 0$ といえる．つまり，薬の投与によって血圧は下がったといえる． $\square$

9.6 二項母集団における母比率の検定（1 標本問題）

二項母集団 $\mathrm{Bin}(1, p)$ において，工場で作られた製品の不良品率やテレビ番組の視聴率，内閣の支持率など，ある性質を持つ割合（母比率）p についての検定を考える．

$x_1, x_2, \ldots, x_n$ を母集団分布 $\mathrm{Bin}(1, p)$ より生成されたデータとする．ただし，p は未知である．このとき，母比率 p とある定数 p_0 に関する仮説について考える．

両側仮説 $\quad \mathcal{H} : p = p_0 \quad \text{vs} \quad \mathcal{A} : p \neq p_0$

右片側仮説 $\quad \mathcal{H} : p = p_0 \quad \text{vs} \quad \mathcal{A} : p > p_0$

左片側仮説 $\quad \mathcal{H} : p = p_0 \quad \text{vs} \quad \mathcal{A} : p < p_0$

検定に用いる検定統計量として，

$$z = \frac{\hat{p} - p}{\sqrt{p_0(1 - p_0)/n}}$$

を用いる．ここで，$\hat{p} = \sum_{i=1}^{n} x_i / n$ である．z は $(p - p_0)/\sqrt{p_0(1 - p_0)/n}$ の推定値と考えられるため，帰無仮説 $\mathcal{H}$ が正しい場合に z は 0 に近い値をとり，帰無仮説 $\mathcal{A}$ が正しい場合に z は 0 から離れた値をとることが期待される．つまり，どちらの仮説が正しいかに応じて，z の値の大きさが変化するため，仮説の判定に使えそうである．

検定を構成するために，P 値の算出方法について考えよう．帰無仮説 $\mathcal{H}$ が正しいとき，すなわち，$p = p_0$ のとき，検定統計量が近似的に標準正規分布 $\mathcal{N}(0, 1)$ に従うことが知られている[7]．この結果を利用することで，それぞれの検定に対する P 値は，以下のように求めることができる．

両側検定 $\quad 2\{1 - F_Z(|z|)\}$

右片側検定 $\quad 1 - F_Z(z)$

左片側検定 $\quad F_Z(z)$

ただし，$F_Z(\cdot)$ は標準正規分布 $\mathcal{N}(0, 1)$ の分布関数である．

---

[7]導出については，例えば [26] の p.242(6.1.11)-(2) を参照されたい．

$x_1, x_2, \ldots, x_n$ は母集団分布 $\mathrm{Bin}(1, p)$ より生成されたデータであるとする. このとき, 母比率 p がある定数 p_0 に関する仮説について考える.

両側仮説　$\mathcal{H} : p = p_0$ vs $\mathcal{A} : p \neq p_0$
右片側仮説　$\mathcal{H} : p = p_0$ vs $\mathcal{A} : p > p_0$
左片側仮説　$\mathcal{H} : p = p_0$ vs $\mathcal{A} : p < p_0$

検定手順は以下のようになる.

1. 有意水準 α を決める. 通常は, $\alpha = 0.05$.
2. データ $x_1, x_2, \ldots, x_n$ から, 検定統計量

$$z = \frac{\hat{p} - p}{\sqrt{p_0(1 - p_0)/n}}$$

を計算する. ここで, $\hat{p} = \sum_{i=1}^{n} x_i / n$ である.

3. Z の帰無分布 $F_Z(\cdot)$ を用いて, それぞれの検定に対する P 値を計算する.

両側検定の P 値　$P = 2\{1 - F_Z(|z|)\}$
右片側検定の P 値　$P = 1 - F_Z(z)$
左片側検定の P 値　$P = F_Z(z)$

4. 最終的な判断を下す.

$$P \leq \alpha \Rightarrow \text{帰無仮説 } \mathcal{H} \text{ を棄却し, 対立仮説 } \mathcal{A} \text{ と支持する}$$

$$P > \alpha \Rightarrow \text{帰無仮説 } \mathcal{H} \text{ を保留する}$$

5. R で P 値を出力するためには, 母集団分布 $\mathrm{Bin}(1, p)$ より生成されたデータ x およびサンプルサイズ n に対して, 以下のコードを実行する.

両側検定

```
prop.test(x, n, p = p0, alternative = "two.sided",
          correct = F)$p.value
```

右片側検定

```
prop.test(x, n, p = p0, alternative = "greater",
          correct = F)$p.value
```

左片側検定

```
prop.test(x, n, p = p0, alternative = "less",
          correct = F)$p.value
```

ここで，引数 x，n にはデータを指定し，引数 p は帰無仮説における定数 p_0 を指定する．引数 alternative は対立仮説のタイプを指定する．alternative="two.sided" とすれば両側検定（対立仮説が $p \neq p_0$），alternative="greater" とすれば右片側検定（対立仮説が $p > p_0$），alternative="less" とすれば左片側検定（対立仮説が $p < p_0$）が実行される．引数 correct を correct=F と，連続性の補正[8]を抑制することができる．R で計算した P 値とあらかじめ定めた有意水準を比較し，$\mathcal{H}$ を棄却するか否かの判断を下す．

◆ **例題 9.4　品質チェック** ◆

ある製品を作る機械について，不良品が 6% より小さければその機械を導入するとする．このとき，機械 A で作られた製品が不良品である場合は $X = 1$，そうでない場合は $X = 0$ とすると，X は二項分布 $\mathrm{Bin}(1, p)$ に従う．機械 A で作られた製品 2400 個（データの個数 n）を無作為に抽出し，不良品の個数を数えたところ 120 個（n 個のうちの 1 の個数）であった．機械 A を導入してよいだろうか，すなわち

$$\mathcal{H} : p = 0.06 \quad \text{vs} \quad \mathcal{A} : p < 0.06$$

を有意水準 $\alpha = 0.05$ で検定せよ．

【解答】 左片側検定（手順 9.5 の R コード）を実行する．

```
x <-120
n <- 2400
prop.test(x, n, p=0.06, alternative="less", correct=F)$p.value
 [1] 0.0195638
```

出力結果の 0.0195638 は，この検定の P 値を表している．よって，P 値は有意水準 $\alpha = 0.05$ より小さいため，有意水準 $\alpha = 0.05$ で帰無仮説 $\mathcal{H}$ は棄却される．したがって，$p < 0.06$ といえる．つまり，導入してよい．　　　　　　　　　　　　　　　　　　　　　　　　　　□

9.7　二項母集団における母比率の検定（2 標本問題）

2 つの二項母集団 $\mathrm{Bin}(1, p_1)$ および $\mathrm{Bin}(1, p_2)$ において，2 台の機械で作られた製品の不良品率の差異，あるいはテレビ番組に対する男性の視聴率と女性の視聴率の差異など，2 つの母比率 p_1, p_2 の差 $p_1 - p_2$ を検定する問題（2 標本問題）についても紹介する．

---

[8] $F_Z(z) \approx \Phi\{(z + 1/2 - np_0)/\sqrt{np_0(1 - p_0)}\}$ と近似することで正規近似がよくなる．ただし，$\Phi(\cdot)$ は標準正規分布の分布関数である．しかし，ここでは手順 9.5 に合わせるため，あえて correct=F としている．

$x_{11}, x_{12}, \ldots, x_{1n_1}$ は母集団分布 $\mathrm{Bin}(1, p_1)$ より，$x_{21}, x_{22}, \ldots, x_{2n_2}$ は母集団分布 $\mathrm{Bin}(1, p_2)$ より生成されたデータであるとする．ただし，母比率 p_1, p_2 は未知とする．このとき，母比率 p_1 と p_2 に関する仮説について考える．

両側仮説 $\mathcal{H} : p_1 = p_2$ vs $\mathcal{A} : p_1 \neq p_2$
右片側仮説 $\mathcal{H} : p_1 = p_2$ vs $\mathcal{A} : p_1 > p_2$
左片側仮説 $\mathcal{H} : p_1 = p_2$ vs $\mathcal{A} : p_1 < p_2$

検定に用いる検定統計量として，

$$z = \frac{\hat{p}_1 - \hat{p}_2}{\sqrt{\hat{p}_*(1 - \hat{p}_*)(1/n_1 + 1/n_2)}}$$

を用いる．ここで，

$$\hat{p}_1 = \frac{1}{n_1} \sum_{i=1}^{n_1} x_{1i}, \ \hat{p}_2 = \frac{1}{n_2} \sum_{i=1}^{n_2} x_{2i}, \ \hat{p}_* = \frac{n_1 \hat{p}_1 + n_2 \hat{p}_2}{n_1 + n_2} \tag{9.6}$$

である．z は $(p_1 - p_2)/\sqrt{p_*(1 - p_*)(1/n_1 + 1/n_2)}$ の推定値と考えられる．ここで，$p_* = (n_1 p_1 + n_2 p_2)/(n_1 + n_2)$ である．したがって，帰無仮説 $\mathcal{H}$ が正しい場合に z は 0 に近い値をとり，帰無仮説 $\mathcal{A}$ が正しい場合に z は 0 から離れた値をとることが期待される．つまり，どちらの仮説が正しいかに応じて，z の値の大きさが変化するため，仮説の判定に使えそうである．

検定を構成するために，P 値の算出方法について考えよう．帰無仮説 $\mathcal{H}$ が正しいとき，すなわち，$p_1 = p_2$ のとき，検定統計量が近似的に標準正規分布 $\mathcal{N}(0,1)$ に従うことが知られている[9]．この結果を利用することで，それぞれの検定に対する P 値は，以下のように求めることができる．

両側検定 $2\{1 - F_Z(|z|)\}$
右片側検定 $1 - F_Z(z)$
左片側検定 $F_Z(z)$

ただし，$F_Z(\cdot)$ は標準正規分布 $\mathcal{N}(0,1)$ の分布関数である．

手順 9.6 母比率の検定

$x_{11}, x_{12}, \ldots, x_{1n_1}$ は母集団分布 $\mathrm{Bin}(1, p_1)$ より，$x_{21}, x_{22}, \ldots, x_{2n_2}$ は母集団分布 $\mathrm{Bin}(1, p_2)$ より生成されたデータであるとする．このとき，母比率 p_1 と p_2 に関する仮説について考える．

---

[9]導出については，例えば [26] の p.242(6.1.11)-(3) を参照されたい．

両側仮説　$\mathcal{H} : p_1 = p_2$　vs　$\mathcal{A} : p_1 \neq p_2$

右片側仮説　$\mathcal{H} : p_1 = p_2$　vs　$\mathcal{A} : p_1 > p_2$

左片側仮説　$\mathcal{H} : p_1 = p_2$　vs　$\mathcal{A} : p_1 < p_2$

検定手順は以下のようになる.

1. 有意水準 α を決める. 通常は, $\alpha = 0.05$.

2. データ $x_{11}, x_{12}, \ldots, x_{1n_1}, x_{21}, x_{22}, \ldots, x_{2n_2}$ から, 検定統計量

$$z = \frac{\hat{p}_1 - \hat{p}_2}{\sqrt{\hat{p}_*(1 - \hat{p}_*)(1/n_1 + 1/n_2)}}$$

を計算する. なお, $\hat{p}_1, \hat{p}_2, \hat{p}_*$ は (9.6) を参照されたい.

3. Z の帰無分布 $F_Z(\cdot)$ を用いて, P 値を計算する.

両側検定　$2\{1 - F_Z(|z|)\}$

右片側検定　$1 - F_Z(z)$

左片側検定　$F_Z(z)$

4. 最終的な判断を下す.

$$P \leq \alpha \Rightarrow \text{帰無仮説 } \mathcal{H} \text{ を棄却し, 対立仮説 } \mathcal{A} \text{ を支持する}$$

$$P > \alpha \Rightarrow \text{帰無仮説 } \mathcal{H} \text{ を保留する}$$

5. R で P 値を出力するためには, 母集団分布 $\mathrm{Bin}(1, p_1)$ より生成されたデータの総和 x1 (成功回数) と $\mathrm{Bin}(1, p_2)$ より生成されたデータの総和 x2 (成功回数) およびサンプルサイズ n1, n2 に対して, 以下のコードを実行する.

両側検定

```
prop.test(x = c(x1, x2), n = c(n1, n2),
          alternative = "two.sided", correct = F)$p.value
```

右片側検定

```
prop.test(x = c(x1, x2), n = c(n1, n2),
          alternative = "greater", correct = F)$p.value
```

左片側検定

```
prop.test(x = c(x1, x2), n = c(n1, n2),
          alternative = "less", correct = F)$p.value
```

ここで, 引数 x, n にはデータをベクトル形式で指定し, 引数 alternative は対立仮

説のタイプを指定する. `alternative="two.sided"`とすれば両側検定（対立仮説が $p_1 \neq p_2$）, `alternative="greater"`とすれば右片側検定（対立仮説が $p_1 > p_2$）, `alternative="less"`とすれば左片側検定（対立仮説が $p_1 < p_2$）が実行される. R で計算した P 値とあらかじめ定めた有意水準を比較し, $\mathcal{H}$ を棄却するか否かの判断を下す.

◆ **例題 9.5　品質比較** ◆

ある工場の機械 A で作られた製品 3000 個を無作為に抽出し不良品の個数を数えたところ 144 個であった. 機械 B で作られた製品 2000 個を無作為に抽出し不良品の個数を数えたところ 106 個であった. 機械 A で作られる製品の不良率 p_1 と機械 B で作られる製品の不良率 p_2 は異なるかどうか, すなわち,

$$\mathcal{H} : p_1 = p_2 \quad \text{vs} \quad \mathcal{A} : p_1 \neq p_2$$

を, 有意水準 $\alpha = 0.05$ で検定せよ.

【解答】 両側検定（手順 9.6 の R コード）を実行する.

```
prop.test(x = c(144, 106), n = c(3000, 2000),
          alternative = "two.sided", correct = F)$p.value
 [1] 0.4267767
```

出力結果の 0.4267767 は, この検定の P 値を表している. よって, P 値は有意水準 $\alpha = 0.05$ より大きいため, 有意水準 $\alpha = 0.05$ で帰無仮説 $\mathcal{H}$ は保留される. したがって, 機械 A で作られる製品の不良率 p_1 と機械 B で作られる製品の不良率 p_2 は異なるとは言えない. □

9.8　適合度検定

質的データに対する分析方法として, **適合度検定**について紹介する. 例えば, 次のようなデータについて考える. 以下の表 9.2 は, サイコロを 200 回投げた結果をまとめたものである.

表 9.2　出た目の回数

サイコロの出た目	1	2	3	4	5	6	合計
回数	32	34	38	41	29	26	200

この表によると, どの目もまんべんなく出ているような気もするが, もう少しきちんと判断したい. 適合度検定を応用すれば, 次のような仮説を検証することができる.

$$\mathcal{H} : \text{各目の出る確率は一様である} \quad \text{vs} \quad \mathcal{A} : \text{各目の出る確率は一様でない}$$

一般の場合の検定方法について述べる．カテゴリの数を k とし，各カテゴリを表す事象を $A_1, A_2, \ldots, A_k$ とおく．データは，$A_1, A_2, \ldots, A_k$ のうちいずれか 1 つに属するものとする．各カテゴリにデータが属する確率 $\Pr(A_i)$ を p_i とおき，表 9.3 のようにまとめる．

表 9.3 各カテゴリと対応する確率

カテゴリ	A_1	A_2	$\cdots$	A_k
確率	p_1	p_2	$\cdots$	p_k

$q_1 + q_2 + \cdots + q_k = 1$ を満たすある定数 $q_1, q_2, \ldots, q_k$ とする．このとき，次のような仮説を検証することができる．

$$\mathcal{H} : p_1 = q_1, \ p_2 = q_2, \ \ldots, \ p_k = q_k \quad \text{vs} \quad \mathcal{A} : \text{帰無仮説 } \mathcal{H} \text{ の否定}$$

得られた観測データの総数を n とし，カテゴリ A_i に属するデータ数 n_i を**観測度数**と呼び，それらをまとめた表 9.4 を**観測度数表**という．また，もし帰無仮説が正しかった場合に期待されるカテゴリ A_i に属するデータ数は，

$$E_i = n \times q_i$$

であり，**期待度数**と呼ぶ．期待度数をまとめた表 9.5 を**期待度数表**という．

表 9.4 観測度数表

カテゴリ	A_1	A_2	$\cdots$	A_k
観測度数	n_1	n_2	$\cdots$	n_k

表 9.5 期待度数表

カテゴリ	A_1	A_2	$\cdots$	A_k
期待度数	E_1	E_2	$\cdots$	E_k

適合度検定は，観測度数と期待度数の乖離具合をみて，仮説が正しいかどうかを判定する方法である．もし，帰無仮説が正しければ，期待度数も観測度数も似ているはずである．期待度数と観測度数がどの程度乖離しているのかを測る尺度として，カイ二乗統計量がある．カイ二乗統計量は，以下のように定義される．

$$v = \sum_{i=1}^{k} \frac{(n_i - E_i)^2}{E_i}$$

分子に現れる「観測度数 n_i － 期待度数 E_i」の 2 乗は，「期待はずれの度合い」と解釈できる．帰無仮説が正しい場合は，この度合いは小さいが，対立仮説が正しい場合は大きくなる．

どの程度で，帰無仮説を許容すべきかどうかの判定は，カイ二乗統計量の P 値を利用する．データ数 n が大きければ，カイ二乗統計量 V の帰無仮説の下での分布は，自由度が $k-1$ のカイ二乗分布で近似できる [2,6]．この結果を利用することで，検定に対する P 値を $F_{k-1}(v)$

と計算できる．ただし，$F_{k-1}(\cdot)$ は自由度 $k-1$ のカイ二乗分布の分布関数である．

手順 9.7 適合度検定

カテゴリの数を k とし，各カテゴリを表す事象を A_1, A_2, ..., A_k とおく．データは，A_1, A_2, ..., A_k のうちいずれか 1 つに属するものとする．得られた観測データの総数を n とし，各カテゴリ A_i に属するデータ数 n_i とする．各カテゴリにデータが属する確率 $\Pr(A_i)$ を p_i とおく．このとき，p_i に関する仮説について考える．

$$\mathcal{H} \,:\, p_1 = q_1,\, p_2 = q_2, ...,\, p_k = q_k \quad \text{vs} \quad \mathcal{A} \,:\, 帰無仮説\,\mathcal{H}\,の否定$$

ただし，q_1, q_2, ..., q_k は $q_1 + q_2 + \cdots + q_k = 1$ を満たすある定数とする．検定手順は以下のようになる．

1. 有意水準 α を決める．通常は，$\alpha = 0.05$.

2. 観測度数の総数 n と帰無仮説の定数 q_1, q_2, ..., q_k から，期待度数を計算する．

$$E_1 = q_1 \times n,\, E_2 = q_2 \times n,\, ...,\, E_k = q_k \times n$$

3. 観測度数 n_1, n_2, ..., n_k と期待度数 E_1, E_2, ..., E_k から，検定統計量を計算する．

$$v = \sum_{i=1}^{k} \frac{(n_i - E_i)^2}{E_i}$$

4. 自由度が $k-1$ のカイ二乗分布の分布関数 $F_{k-1}(\cdot)$ を用いて，P 値を $F_{k-1}(v)$ と計算する．

5. 最終的な判断を下す．

$$P \le \alpha \Rightarrow 帰無仮説\,\mathcal{H}\,を棄却し,対立仮説\,\mathcal{A}\,を支持する$$

$$P > \alpha \Rightarrow 帰無仮説\,\mathcal{H}\,を保留する$$

6. R で P 値を出力するためのコードについて紹介する．

```
chisq.test(x, p)$p.value
```

引数 x には観測度数をベクトル形式 $c(n_1, n_2, ..., n_k)$ で指定する．引数 p には帰無仮説における定数 q_i をベクトル形式 $c(q_1, q_2, ..., q_k)$ で指定する．R で計算した P 値とあらかじめ定めた有意水準を比較し，$\mathcal{H}$ を棄却するか否かの判断を下す．

◆ **例題 9.6 サイコロ投げ** ◆

表 9.2 のサイコロは不正なサイコロなのか，それとも公正なサイコロなのか？ 次のように帰無仮説と対立仮説を設定し，有意水準 $\alpha = 0.05$ で検定せよ．

$$\mathcal{H} : p_1 = p_2 = \cdots = p_6 = \frac{1}{6} \text{ vs } \mathcal{A} : \text{帰無仮説 } \mathcal{H} \text{ の否定}$$

ただし，p_i は サイコロの出た目が i である確率である．

【解答】 両側検定（手順 9.7 の R コード）を実行する．2 行目の rep() 関数は指定された値を繰り返す関数で，ここでは，すべての成分が 1/6 の 6 次ベクトルを生成している．

```
dat <- c(32, 34, 38, 41, 29, 26)
chisq.test(dat, p=rep(1/6, length=6))$p.value
 [1] 0.4587654
```

出力の 0.4587654 は，検定の P 値を表している．この場合，P 値は有意水準 $\alpha = 0.05$ より大きいため，帰無仮説 $\mathcal{H}$ は保留される．以上より，「このサイコロは不正なサイコロである」とデータ（サイコロ投げ 200 回の結果）から言うことはできない． □

9.9 独立性の検定

右の表 9.6 は，公務員試験対策講座を受講していた 237 名の学生へ試験対策が効果的であったかどうかを尋ねたアンケート結果をまとめたものである．このような表を 2 × 2 分割表と呼ぶ．試験対策が役立ったと回答した人は，成績に満足していると回答する傾向があるように見

表 9.6 公務員試験対策講座に対するアンケート

試験対策＼成績	満足	不満	計
役立った	47	6	53
役立たなかった	21	11	32
計	68	17	85

受けられる．この結果から，「試験対策の効果と成績満足度の間に関係がある」といえるだろうか？ このように 2 つの特性の間に関連性があるかどうかを調べる検定法を独立性の検定という．独立性の検定を応用すれば，次のような仮説を検証することができる．

$\mathcal{H}$：試験対策効果と成績満足度は関係ない vs $\mathcal{A}$：試験対策効果と成績満足度は関係がある

ここから，数学的に定式化して考えていく．一般に，2 つの特性 A と B があり，A は k 個のカテゴリ $A_1, A_2, \ldots, A_k$ に，B は ℓ 個のカテゴリ $B_1, B_2, \ldots, B_\ell$ に分類されているものとする．n 個の観測値のうち，特性 $A_i \cap B_j$（A_i かつ B_j）に属する個数を n_{ij} とする．これをまとめたものが表 9.7 である．この表を $k \times \ell$ 分割表という．

分割表の $n_{i\cdot}$ $(i = 1, 2, \ldots, k)$, $n_{\cdot j}$ $(j = 1, 2, \ldots, \ell)$ はそれぞれ行と列の合計，n は観測値の

表 9.7 $k \times \ell$ 分割表

特性 $A \setminus$ 特性 B	B_1	B_2	$\cdots$	B_ℓ	計
A_1	n_{11}	n_{12}	$\cdots$	$n_{1\ell}$	$n_{1\cdot}$
A_2	n_{21}	n_{22}	$\cdots$	$n_{2\ell}$	$n_{2\cdot}$
$\vdots$	$\vdots$	$\vdots$	$\ddots$	$\vdots$	$\vdots$
A_k	n_{k1}	n_{k2}	$\cdots$	$n_{k\ell}$	$n_{k\cdot}$
計	$n_{\cdot 1}$	$n_{\cdot 2}$	$\cdots$	$n_{\cdot \ell}$	n

総数を表し，次のように書くことができる．

$$n_{i\cdot} = \sum_{j=1}^{\ell} n_{ij}, \ n_{\cdot j} = \sum_{i=1}^{k} n_{ij}, \ n = \sum_{i=1}^{k} \sum_{j=1}^{\ell} n_{ij}$$

この分割表から 2 つの特性 A と B の独立性を検定する．

特性 $A_i \cap B_j$ の起こる確率を p_{ij}，特性 A_i の起こる確率を $p_{i\cdot} = \sum_{j=1}^{\ell} p_{ij}$，特性 B_j の起こる確率を $p_{\cdot j} = \sum_{i=1}^{k} p_{ij}$ とすると，特性 A と特性 B は独立であるという帰無仮説 $\mathcal{H}$ は

$$\mathcal{H} \ : \ p_{ij} = p_{i\cdot} \times p_{\cdot j}, \quad i \in \{1, 2, \dots, k\}; \ j \in \{1, 2, \dots, \ell\}$$

と表すことができる．

次に，帰無仮説 $\mathcal{H}$ の下で，観測度数 n_{ij} と期待度数 $n \times p_{ij}$ のズレの程度を表す統計量

$$\chi^2 = \sum_{i=1}^{k} \sum_{j=1}^{\ell} \frac{(n_{ij} - np_{ij})^2}{np_{ij}} = \sum_{i=1}^{k} \sum_{j=1}^{\ell} \frac{(n_{ij} - np_{i\cdot}p_{\cdot j})^2}{np_{i\cdot}p_{\cdot j}}$$

を考える．ここで，$p_{i\cdot}$ と $p_{\cdot j}$ は未知であるから，これらを推定値

$$\hat{p}_{i\cdot} = \frac{n_{i\cdot}}{n}, \qquad \hat{p}_{\cdot j} = \frac{n_{\cdot j}}{n} \tag{9.7}$$

で置き換える．このとき

$$w = \sum_{i=1}^{k} \sum_{j=1}^{\ell} \frac{(n_{ij} - n_{i\cdot}n_{\cdot j}/n)^2}{n_{i\cdot}n_{\cdot j}/n}$$

は近似的に自由度 $(k-1)(\ell-1)$ のカイ二乗分布に従う [2, 6]．

自由度 $(k-1)(\ell-1)$ は次のように導かれる．観測値から，$p_{i\cdot}$ に関して (9.7) の $\hat{p}_{i\cdot}$ により制約条件 $\sum_{i=1}^{k} \hat{p}_{i\cdot} = 1$ の下で $k-1$ 個のパラメータを推定する．また，$p_{\cdot j}$ に関して (9.7) の $\hat{p}_{\cdot j}$ により制約条件 $\sum_{j=1}^{\ell} \hat{p}_{\cdot j} = 1$ の下で $\ell-1$ 個のパラメータを推定する．よって，適合度検定の自由度から

$$kl - 1 - \{(k-1) + (\ell-1)\} = (k-1)(\ell-1)$$

を得る.

以上のことから，統計量 w の値を計算し，

$$w > \chi^2_{(k-1)(\ell-1)}(\alpha)$$

のとき，仮説 $\mathcal{H}$ を棄却する.

手順 9.8　独立性の検定

2つの特性 A と B があり，A は k 個のカテゴリ $A_1, A_2, \ldots, A_k$ に，B は ℓ 個のカテゴリ $B_1, B_2, \ldots, B_\ell$ に分類されているものとし，n 個の観測値のうち特性 $A_i \cap B_j$（A_i かつ B_j）に属する個数を n_{ij} とする．特性 $A_i \cap B_j$ の起こる確率を p_{ij}，特性 A_i の起こる確率を $p_{i\cdot} = \sum_{j=1}^{\ell} p_{ij}$，特性 B_j の起こる確率を $p_{\cdot j} = \sum_{i=1}^{k} p_{ij}$ とするとき，特性 A と特性 B は独立であるかどうか，すなわち，以下の仮説について考える.

$$\mathcal{H} : p_{ij} = p_{i\cdot} \times p_{\cdot j} \text{ vs } \mathcal{A} : \mathcal{H} \text{ の否定}, \quad i \in \{1, 2, \ldots, k\}; j \in \{1, 2, \ldots, \ell\}$$

検定手順は以下のようになる.

1.　有意水準 α を決める．通常は，$\alpha = 0.05$.
2.　検定統計量を計算する.

$$w = \sum_{i=1}^{k} \sum_{j=1}^{\ell} \frac{(n_{ij} - n_{i\cdot} n_{\cdot j}/n)^2}{n_{i\cdot} n_{\cdot j}/n}$$

3.　自由度が $(k-1)(\ell-1)$ のカイ二乗分布の分布関数 $F_{(k-1)(\ell-1)}(\cdot)$ を用いて，P 値を $F_{(k-1)(\ell-1)}(w)$ と計算する.
4.　最終的な判断を下す.

$$P \leq \alpha \Rightarrow \text{帰無仮説 } \mathcal{H} \text{ を棄却し，対立仮説 } \mathcal{A} \text{ を支持する}$$

$$P > \alpha \Rightarrow \text{帰無仮説 } \mathcal{H} \text{ を保留する}$$

5.　R の実行コードについて紹介する.

```
chisq.test(x, correct=F)$p.value
```

引数 x には観測度数を行列形式で指定する．R で計算した P 値とあらかじめ定めた有意水準を比較し，$\mathcal{H}$ を棄却するか否かの判断を下す.

表 9.8 はある予防薬の副反応について調べ，性別と重篤度で集計したデータである．性別 (sex) と重篤度 (severity level) は関係があるだろうか．有意水準 $\alpha = 0.05$ で独立性の検定を用いて考察せよ．

表 9.8　ある予防薬に対する副反応

性別	重篤度		計
	重くない	重い	
女性	11053	1641	12694
男性	2649	611	3260
計	13702	2252	15954

【解答】　手順 9.8 の R のコードを実行する前に表 9.7 のデータを入力する必要がある．分割表の場合は以下のように行列として入力する必要がある．

```
data <-matrix(c(11053, 2649, 1641, 611), # ベクトルとして入力
              nrow = 2,                    # 1 行あたりのデータの数
              dimnames = list("sex" = c("female", "male"), # ラベル
                              "severity level" = c("mild", "severe")))
```

手順 9.8 の R のコードを適用すると以下の結果が得られる[10]．

```
chisq.test(data, correct=F)$p.value
 [1] 1.803923e-17
```

P 値が 1.803923e-17 (1.803923×10^{-17}) より有意水準 $\alpha = 0.05$ よりも低いので帰無仮説 $\mathcal{H}$ は棄却される．つまり，性別と重篤度は独立ではない．ちなみにオッズ比[11]は以下のように計算できる．

```
(data[1,2]/data[1,1])/(data[2,2]/data[2,1])
 [1] 0.6436787
```

つまり，男性に比べて女性は約 0.64 倍程度重篤になりやすいと解釈できる．　　□

9.10　対称性および周辺同等性の検定 ♣

表 9.9 は投票権のあるアメリカ人 1600 人に対して，大統領の任期中の支持率について 2 回調査した結果である ([1], p.350)．このような行と列が同じ分類になっている分割表に関しては，対角成分にデータが集まりやすく，前節で行った独立性は成り立たないことが多い．そのためこのような分割表に関しては，独立性よりも 1 回目の調査と 2 回目の調査の性質が違うのかに関心がある．分割表の各カテゴリに入る確率を以下のように設定しよう．

---

[10]ここで注意として，R のデフォルトでは correct=T となっており，イェーツ (Yates) の連続性補正が適用され，カイ二乗分布への近似精度がよくなる．しかし，ここでは手順 9.8 に合わせるため，あえて correct=F としている．

[11]オッズやオッズ比は，ある事象の起こりやすさを 2 つのグループ間で比較して示す統計学的な尺度である．詳しくは [2] を参照してほしい．

表 9.9　大統領の任期中の支持率について 2 回の調査

1 回目	2 回目		計
	支持	不支持	
支持	794	150	880
不支持	86	570	720
計	944	656	1600

$$\Pr(1 \,回目 = 支持, 2\, 回目 = 支持) = p_{11},$$

$$\Pr(1 \,回目 = 支持, 2\, 回目 = 不支持) = p_{12},$$

$$\Pr(1 \,回目 = 不支持, 2\, 回目 = 支持) = p_{21},$$

$$\Pr(1 \,回目 = 不支持, 2\, 回目 = 不支持) = p_{22}$$

つまり，右のような表になる．

このとき，表 9.10 は各確率が p_{11}, p_{12}, p_{21}, p_{22} の多項分布に従うと考えることができる．1 回目の調査と 2 回目の調査で大統領の支持が変化していないとは，1 回目の支持と 2 回目の支持の確率が一致することである．つまり $p_{i\cdot} = p_{\cdot i}$ $(i = 1, 2)$ が成り立つことである．この条件を周辺同等性という．周辺同等性は，2×2 分割表の場合の対称性の条件と同値になる．つまり，以下が成り立つ．

表 9.10

1 回目	2 回目		計
	支持	不支持	
支持	p_{11}	p_{12}	$p_{1\cdot}$
不支持	p_{21}	p_{22}	$p_{2\cdot}$
計	$p_{\cdot 1}$	$p_{\cdot 2}$	1

$$p_{i\cdot} = p_{\cdot i} \ (i = 1, 2) \ \Leftrightarrow \ p_{12} = p_{21}$$

したがって，対称性についての検定を考える．このような 2×2 分割表の場合の対称性の検定を **McNemar 検定**という．

手順 9.9　McNemar 検定

右の表は同じカテゴリ A_1, A_2 を持つ確率変数 X, Y からの標本を分割表にまとめたものとする．
仮説検定問題は以下のようになる．

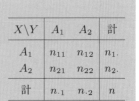

$X \backslash Y$	A_1	A_2	計
A_1	n_{11}	n_{12}	$n_{1\cdot}$
A_2	n_{21}	n_{22}	$n_{2\cdot}$
計	$n_{\cdot 1}$	$n_{\cdot 2}$	n

$$\mathcal{H} : p_{12} = p_{21} \ (i = 1, 2) \ \text{vs} \ \mathcal{A} : 帰無仮説 \mathcal{H} の否定$$

このとき，カイ二乗統計量は

$$v = \frac{(n_{12} - n_{21})^2}{n_{12} + n_{21}}$$

となる．また v は帰無仮説 $\mathcal{H}$ の下で，近似的に自由度 1 のカイ二乗分布に従う．
検定手順は以下のようになる．

1. 有意水準 α を決める．通常は，$\alpha = 0.05$．
2. 検定統計量を計算する．

$$v = \frac{(n_{12} - n_{21})^2}{n_{12} + n_{21}}$$

3. 自由度が 1 のカイ二乗分布の分布関数 $F_1(\cdot)$ を用いて，P 値を $F_1(v)$ と計算する．
4. 最終的な判断を下す．

$$P \leq \alpha \Rightarrow 帰無仮説 \mathcal{H} を棄却し，対立仮説 \mathcal{A} を支持する$$

$$P > \alpha \Rightarrow 帰無仮説 \mathcal{H} を保留する$$

5. R の実行コードについて紹介する．

```
mcnemar.test(x, correct=F)$p.value
```

引数 x には観測度数を行列形式で指定する．R で計算した P 値とあらかじめ定めた
有意水準を比較し，$\mathcal{H}$ を棄却するか否かの判断を下す．

◆ **例題 9.8** ◆

表 9.9 に対して，有意水準 $\alpha = 0.05$ で McNemar 検定を行い，支持率が変化したかどう
かを考察せよ．

【解答】 表 9.9 のデータに対して，McNemar 検定で解析する場合は，mcnemar.test() を用いて P
値を求める．独立性の検定と同様に，まずはデータを行列として入力する．

```
data <- matrix(c(794, 86, 150, 570),
               nrow = 2,
               dimnames = list("1st Survey" = c("Approve", "Disapprove"),
                               "2nd Survey" = c("Approve", "Disapprove")))
```

手順 9.9 の R コードを適用すると以下の結果が得られる[12]．

```
mcnemar.test(data, correct=F)$p.value
[1] 3.099293e-05
```

P 値が 3.099e-05 (3.099293×10^{-5}) より棄却されるため，支持率は変化していることがわかる．ま
た表 9.9 に戻ると，「不支持 (Disapprove) から支持 (Approve) へ変化した人」よりも「支持から不

---

[12] chisq.test() と同様に，R のデフォルトでは correct=T となっており，イェーツ (Yates) の連続性補正が
適用され，カイ二乗分布への近似がよくなる．しかし，ここでは手順 9.9 に合わせるため，あえて correct=F
としている．

支持へ変化した人」の方が多い．つまり，1回目の調査 (1st Survey) よりも 2回目の調査 (2nd Survey) のときの方が大統領の支持率が下がったことが考察できる．　　　　　　　　　　□

次に $r \times r$ 分割表 $(r \geq 3)$ について考えよう．表 9.11 は同じカテゴリ $A_1, A_2, \ldots, A_r$ を持つ確率変数 X, Y からの標本を分割表にまとめたものである．また，このときの確率構造を表 9.12 のようにおく．

表 9.11 分割表

$X\backslash Y$	A_1	A_2	$\cdots$	A_r	計
A_1	n_{11}	n_{12}	$\cdots$	n_{1r}	$n_{1\cdot}$
A_2	n_{21}	n_{22}	$\cdots$	n_{2r}	$n_{2\cdot}$
$\vdots$	$\vdots$	$\vdots$	$\ddots$	$\vdots$	$\vdots$
A_r	n_{r1}	n_{r2}	$\cdots$	n_{rr}	$n_{r\cdot}$
計	$n_{\cdot1}$	$n_{\cdot2}$	$\cdots$	$n_{\cdot r}$	n

表 9.12 確率の構造

$X\backslash Y$	A_1	A_2	$\cdots$	A_r	計
A_1	p_{11}	p_{12}	$\cdots$	p_{1r}	$p_{1\cdot}$
A_2	p_{21}	p_{22}	$\cdots$	p_{2r}	$p_{2\cdot}$
$\vdots$	$\vdots$	$\vdots$	$\ddots$	$\vdots$	$\vdots$
A_r	p_{r1}	p_{r2}	$\cdots$	p_{rr}	$p_{r\cdot}$
計	$p_{\cdot1}$	$p_{\cdot2}$	$\cdots$	$p_{\cdot r}$	1

周辺同等性と対称性は 2×2 のときと同様に以下のように定義される．

周辺同等性　$p_{i\cdot} = p_{\cdot i}, \quad i \in \{1, 2, \ldots, r\}$

対称性　$p_{ij} = p_{ji}, \quad i, j \in \{1, 2, \ldots, r\}$

周辺同等性と対称性は 2×2 分割表では同値であった．しかしながら，$r \geq 3$ の場合には対称性と周辺同等性は同値にならない．対称性は周辺同等性の十分条件でしかないため，$r \geq 3$ の場合は対称性と周辺同等性は別に考える必要がある．

表 9.13 は血中の単球（白血球）の数を治療前と治療後で調べた 3×3 分割表である（[8], pp.142-143）．この分割表は行と列が同分類（低い，正常，高い）で，順序（低い ＜ 正常 ＜ 高い）がついている．また治療の効果があるかないかを知りたいため，独立性よりも対称性や周辺同等性に興味がある．簡単に言うと，表の右上にデータが集まれば血中の単球を増やせたことになる．つまり，対称性や周辺同等性は治療の効果がないことを意味する．

表 9.13 血中の単球（白血球）の数を治療前と治療後で調べた表

治療前	治療後			計
	低い	正常	高い	
低い	3	4	4	11
正常	2	3	3	8
高い	1	2	3	6
計	6	9	10	25

まず表 9.13 のデータに対しての対称性の検定について考えよう．$r \geq 3$ の場合の対称性の検定は，[7] によって提案されている．そのため，特に $r \geq 3$ の場合の対称性の検定は McNemar-Bowker 検定と呼ばれる．McNemar-Bowker 検定は次のように与えられる．

仮説検定問題は以下のようになる.

$$\mathcal{H} : p_{ij} = p_{ji} \ (i, j \in \{1, 2, \ldots, r\}) \ \text{vs} \ \mathcal{A} : \text{帰無仮説 } \mathcal{H} \text{ の否定}$$

このとき，カイ二乗統計量は

$$v = \sum_{i=1}^{r-1} \sum_{j=i+1}^{r} \frac{(n_{ij} - n_{ji})^2}{n_{ij} + n_{ji}}$$

となる．また v は帰無仮説 $\mathcal{H}$ の下で，近似的に自由度 $r(r-1)/2$ のカイ二乗分布に従う．
検定手順は以下のようになる.

1. 有意水準 α を決める．通常は，$\alpha = 0.05$.
2. 検定統計量を計算する．

$$v = \sum_{i=1}^{r-1} \sum_{j=i+1}^{r} \frac{(n_{ij} - n_{ji})^2}{n_{ij} + n_{ji}}$$

3. 自由度が $r(r-1)/2$ のカイ二乗分布の分布関数 $F_{r(r-1)/2}(\cdot)$ を用いて，P値を $F_{r(r-1)/2}(v)$ と計算する．

4. 最終的な判断を下す．

$$P \leq \alpha \Rightarrow \text{帰無仮説 } \mathcal{H} \text{ を棄却し，対立仮説 } \mathcal{A} \text{ を支持する}$$

$$P > \alpha \Rightarrow \text{帰無仮説 } \mathcal{H} \text{ を保留する}$$

5. Rの実行コードについて紹介する[13].

```
mcnemar.test(x, correct=F)$p.value
```

引数 x には観測度数を行列形式で指定する．Rで計算したP値とあらかじめ定めた
有意水準を比較し，$\mathcal{H}$ を棄却するか否かの判断を下す．

◆ 例題 9.9 ◆

　表 9.13 に対して，有意水準 $\alpha = 0.05$ で McNemar-Bowker 検定を行い，この治療に効
果があったかどうかを考察せよ．

---

[13]引数 x の行列のサイズが 2×2 の場合（手順 9.9）は自動的にイエーツの補正をかけ，それ以外の場合は補
正されない.

【解答】 表 9.13 のデータに対して，McNemar-Bowker 検定で解析する場合は，mcnemar.test() を用いて P 値を求める．これまでの検定と同様に，まずはデータを行列として入力する．

```
data <- matrix(c(3, 2, 1, 4, 3, 2, 4, 3, 3),
               nrow = 3,
          dimnames = list("Pre-Treatment"=c("Below","Normal","Above"),
                          "Post-Treatment"=c("Below","Normal","Above")))
```

手順 9.10 の R コードを適用すると以下の結果が得られる[14]．

```
mcnemar.test(data, correct=F)$p.value
  [1] 0.4459217
```

P 値が 0.4459217 より棄却されないので，単球の変化に治療は有意な差はみられなかったことがわかる．この治療には，効果が見られないことがわかる． □

　一方で，表 9.13 を見てみると，右上の値の方が大きいようにも見えるので，実際にデータを多くすると有意差が出てくる場合もある．しかしながら，サンプルサイズが増えると棄却されやすいという性質もあるので，安易にサンプルサイズを増やすことはおすすめしない．実際の現場では，しばしばサンプルサイズ計算が行われており，適切なサンプルサイズの設計が重要になる．それらを知りたい場合は，[8] を参照されたい．

　次に表 9.13 のデータに対しての周辺同等性の検定について考えよう．今回の場合は周辺同等性は治療前の分布と治療後の分布が同じかどうかを検定することと同じである．実際にデータ解析をする際は，周辺同等性の方が重視される場合が多い．周辺同等性の検定は，[32] や [22] で提案されており，Stuart-Maxwell 検定と呼ばれる．検定統計量の形は多少複雑ではあるが，R の coin パッケージを用いて次のように使うことができる．

手順 9.11　周辺同等性の検定 (Stuart-Maxwell 検定)

仮説検定問題は以下のようになる．

$$\mathcal{H} : p_{i\cdot} = p_{\cdot i} \ (i \in \{1, 2, \ldots, r\}) \quad \text{vs} \quad \mathcal{A} : \text{帰無仮説 } \mathcal{H} \text{ の否定}$$

このとき，カイ二乗統計量は以下の形にある．

$$v = -\frac{1}{2} \sum_{i=1}^{r} \sum_{j=1}^{r} V^{ij}(n_{i\cdot} - n_{\cdot i})(n_{j\cdot} - n_{\cdot j})$$

ここで，V^{ij} は $V = (V_{ij})$ の逆行列の (i, j) 成分である．また V_{ij} は

---

[14] 2×2 分割表の場合と異なり，3×3 以上の大きな分割表の場合，mcnemar.test() は Yates の連続性補正は適用されない．

$$V_{ij} = \begin{cases} n_{i\cdot} + n_{\cdot i} - 2n_{ii} & i = j \\ -(n_{ij} + n_{ji}) & i \neq j \end{cases}$$

となる．また v は帰無仮説 $\mathcal{H}$ の下で，近似的に自由度 $r-1$ のカイ二乗分布に従う．
検定手順は以下のようになる．

1. 有意水準 α を決める．通常は，$\alpha = 0.05$.
2. 検定統計量を計算する．

$$v = -\frac{1}{2} \sum_{i=1}^{r} \sum_{j=1}^{r} V^{ij}(n_{i\cdot} - n_{\cdot i})(n_{j\cdot} - n_{\cdot j})$$

3. 自由度が $r(r-1)/2$ のカイ二乗分布の分布関数 $F_{r(r-1)/2}(\cdot)$ を用いて，P 値を $F_{r(r-1)/2}(v)$ と計算する．
4. 最終的な判断を下す．

$$P \leq \alpha \Rightarrow \text{帰無仮説 } \mathcal{H} \text{ を棄却し，対立仮説 } \mathcal{A} \text{ を支持する}$$

$$P > \alpha \Rightarrow \text{帰無仮説 } \mathcal{H} \text{ を保留する}$$

5. R の実行コードについて紹介する．Stuart-Maxwell 検定は coin パッケージの mh_test() を用いる．このコードを実行する前に 1.2 節に従ってパッケージのインストールと呼び出しを行っておく．

```
install.packages("coin")
library(coin)
mh_test(as.table(x))
```

引数 x には観測度数を表形式で指定する．R で計算した P 値とあらかじめ定めた有意水準を比較し，$\mathcal{H}$ を棄却するか否かの判断を下す．

◆ **例題 9.10** ◆

表 9.13 に対して，有意水準 $\alpha = 0.05$ で Stuart-Maxwell 検定を行い，治療前 (Pre-Treatment) と治療後 (Post-Treatment) の単球の数が変化したを考察せよ．

【解答】 表 9.13 のデータに対して，Stuart-Maxwell 検定は coin パッケージの mh_test() を用いて P 値を求める．手順 9.11 の R コードを適用すると以下の結果が得られる．

```
install.packages("coin")
library(coin)
mh_test(as.table(data))
            Asymptotic Marginal Homogeneity Test

 data:  response by
            conditions (Pre-Treatment , Post-Treatment)
            stratified by block
 chi-squared = 2.6588, df = 2, p-value = 0.2646
```

P 値が 0.2646 より棄却されないので，単球の治療前と治療後の分布にも有意な差は見られなかった
ことがわかる．以上の 2 つの観点からこの治療には，効果が見られないことがわかる．　　　　□

9.11　分割表（クロス集計表）の作り方

　9.9 節と 9.10 節では，分割表（クロス集計表）の解析を行なった．分割表解析は多くの研
究分野で使われているが，実際にはデータが第 1 章でも述べたような CSV ファイル形式で得
られていることも多い．そこで CSV ファイルから分割表を作成する方法を紹介する．
　特に卒業研究などでアンケートを収集した際には，多くの分割表を作成する必要があるた
め，Excel で作成するには限界がある．解析までを考えれば，すべて R 内でできた方が効率
的である．まず，データ data9_3.csv が表 9.8 に対応する CSV ファイルであるので，読み込
んで head() 関数で中身を見てみよう[15]．

```
data <- read.csv("data9_3.csv")
head(data)
  No age    sex Severity.level
1  1  55 female           mild
2  2  24 female           mild
3  3  77   male         severe
4  4  66   male           mild
5  5  61 female         severe
6  6  37 female         severe
```

これを見ると sex と Severity.level の列が質的データであることがわかる．次の例題を考え
てみよう．

◆　**例題 9.11**　◆

　データ data9_3.csv から表 9.8 を作成せよ．

【解答】　このデータから表 9.8 のようなデータを作るには，table() が便利である．使ってみると以
下のように分割表が与えられる．

---

[15] この head() はデータの初めのいくつかを見ることのできる関数であり，非常に便利である．

```
table(data$sex, data$Severity.level)
          mild severe
  female 11053   1641
  male    2649    611
```

3つ以上の変数を扱う場合（多（次）元分割表）も，table() で作成可能なので，ぜひ試してみてほしい.　　　　　　　　　　　　　　　　　　　　　　　　　　　　　　　　　　　　　　　□

演習問題

問題 9.1　以下は有意水準 $\alpha = 0.01$ で平均 μ が 0 かどうか（$\mathcal{H} : \mu = 0$, $\mathcal{A} : \mu \neq 0$）の検定に対して，間違いであるものをすべて選べ.

(a)　P 値が 0.03 であり，棄却されなかったので，$\mu \neq 0$ とは言えない.

(b)　P 値が 0.03 であり，棄却されなかったので，$\mu = 0$ である.

(c)　P 値が 0.001 であり，棄却されたので，$\mu \neq 0$ である.

(d)　P 値が 0.001 であり，棄却されたので，$\mu = 0$ ではない. よって帰無仮説は成り立たない.

問題 9.2　子供に九九を教える 2 つの方法を比べるため，無作為に選んだ 12 人の子どもには方法 A で，15 人の子どもには方法 B で教え，同じ試験を行った. 方法 A，方法 B ともに平均が未知の正規分布に従うとする. 分散は既知で，方法 A は 25，方法 B は 64 であるとする. 方法 A の子どもの平均点は 68 点，方法 B の子どもの平均点は 72 点であった. 実際に 2 つの方法により，平均点に差があるかどうかを有意水準 $\alpha = 0.05$ で検定を行い，結論を述べよ.

問題 9.3　ある町の 20 歳以上の男性から無作為に 200 人選んだところ，63% が喫煙者であった. 同様に，女性も無作為に 150 人を選んだところ，58% が喫煙者であった. 男性と女性の喫煙者の割合に差があるか，有意水準を $\alpha = 0.05$ で検定を行い，結論を述べよ.

問題 9.4　あるテレビ局は，自局のある番組の視聴率は 30% 以上であると主張している. そこで，無作為に 2000 軒を選んで調査を行うと，27% の家庭がその番組を視聴していた. この調査結果から，テレビ局の主張が正しいかどうか有意水準 $\alpha = 0.01$ の検定を行い，結論を述べよ.

問題 9.5　あるサイコロに偏りがないかを調べるため，サイコロを独立に 240 回投げた. 実現値として，右のような結果を得た. 有意水準 $\alpha = 0.05$ と $\alpha = 0.1$ で検定を行い，結論を述べよ.

目の数	1	2	3	4	5	6
度数	36	42	41	36	45	40

問題 9.6　以下のデータは，同じ人が 2 つの試験 A, B を受けた結果である. このとき，試験 A と試験 B の難易度は違うといえるだろうか（つまり，平均の差はあるだろうか）. 有意水準 $\alpha = 0.05$ で検定し，結論を述べよ.

受験者	1	2	3	4	5	6	7	8	9	10
試験 A	54	24	65	47	91	85	78	63	68	75
試験 B	60	30	61	45	95	78	80	66	80	75

問題 9.7 表 9.6 の結果から「試験対策の効果と成績満足度の間に関係がある」といえるだろうか. 有意水準 $\alpha = 0.05$ で検定し, 結論を述べよ.

問題 9.8 ある風邪の予防薬について, 服用の有無と風邪を「ひいた」か「ひかない」かについて調査をした結果が右の表で与えられた. この予防薬は効果があったといえるか. 有意水準 $\alpha = 0.05$ で検定し, 結論を述べよ.

	ひいた	ひかない	計
有	18	67	85
無	45	65	110
計	63	132	195

問題 9.9 ある試験の成績に宿題の効果があるかどうかをみるために, 任意に抽出した 100 人について調べたところ, 次の結果を得た. 宿題をまじめに取り組むことで効果が上がったといえるか. 有意水準 $\alpha = 0.05$ で検定し, 結論を述べよ.

宿題	成績				計
	A	B	C	D	
まじめにやった	12	14	8	6	40
まじめでなかった	6	18	20	16	60
計	18	32	28	22	100

問題 9.10 表 9.14 は, [32] により解析された 1943 年から 1945 年までに英国の王立軍需工場で働いていた年齢 30 歳から 39 歳までの女性 7477 名の左右裸眼視力データである. 左右の視力に偏りはあるだろうか. 有意水準 $\alpha = 0.05$ で検定し, 結論を述べよ.

表 9.14 英国人女性の左右裸眼視力データ [32]

右眼	左眼				計
	良い	やや良い	やや悪い	悪い	
良い	1520	266	124	66	1976
やや良い	234	1512	432	78	2256
やや悪い	117	362	1772	205	2456
悪い	36	82	179	492	789
計	1907	2222	2507	841	7477

第10章

回帰分析

　本章では，回帰分析の基本的な内容について紹介する．回帰分析はいくつかの変量の間の関係を解析する最も基本的な統計解析手法の1つで，ある変数の値をもとに他の変数を説明したり予測したりするための手法である．回帰分析では，説明あるいは予測に用いる変数を**説明変数**（独立変数），説明あるいは予測の対象となる変数を**目的変数**（従属変数）と呼ぶ．近年のデータ解析では様々な統計解析手法が回帰によって説明されており，非常に重要な概念である．

　本章では，データ解析に必要な線形回帰モデル，一般化線形モデルについて説明し，R の関数 lm() や glm() から出力される解析結果の見方を中心に説明する．章の構成としては，10.1 節で単回帰分析や重回帰分析における線形回帰分析を用いて，回帰分析の推定，検定についての考え方を紹介する．また，データ解析を行う際に説明変数に質的データを用いる場合について，ダミー化等のデータの加工について説明する．次に 10.2 節では，変数の選択について，情報量規準の観点から説明する．最後に，10.3 節では線形回帰モデルの拡張の1つである一般化線形モデルについて紹介する．

　本章の後半の内容は非常に高度であり，入門としてはハードであるので，まずは線形回帰分析まで理解できれば十分である．特に，10.2 節，10.3 節の内容は本書を手にする学生には少し難しい内容を扱っているかもしれないが，重要な内容であるので，自信がある学生には是非とも読んでもらいたい．

10.1　線形回帰分析

　線形回帰モデルは，回帰分析の中で最も基本的なものであり，広く実用されている．線形回帰モデルを理解することは多くの統計モデルを理解する上で重要である．本節では，線形回帰分析の基礎的な内容である最小二乗法や検定について紹介する．

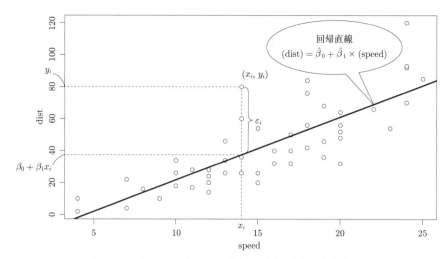

図 10.1 速度と停止距離の散布図に回帰直線を加えた.

10.1.1 単回帰分析

まずはじめに,説明変数と目的変数がともに単一の変数の場合の**単回帰分析**を扱う.例えば,身長から体重を予想したいと思った場合,身長が説明変数,体重が目的変数である.x を説明変数,y を目的変数とし,x の値で y の値を説明することを考える.このとき,y と x の関係として最も簡単な以下の 1 次式を考える.

$$y = \beta_0 + \beta_1 x \tag{10.1}$$

このとき,式 (10.1) のような 1 次式を用いることを**線形回帰**あるいは**直線回帰**という.また式 (10.1) のことを**回帰式**あるいは**回帰直線**という.式 (10.1) の β_0 を**定数項**といい,β_1 を**回帰係数**という.

$(x_1, y_1), (x_2, y_2), \ldots, (x_n, y_n)$ の n 個のデータの組が得られたとしよう.図 10.1 のようにデータは観測誤差などがあるため直線上に並ぶことは少ない.そのため,目的変数を説明変数で最も説明できる回帰直線を求める必要がある.図 10.1 は,R のデータセットの cars データの速度 (speed) と停止距離 (dist) のデータの散布図とその上に回帰直線を引いたものである.図 10.1 のように ε_i を $\varepsilon_i = y_i - (\beta_0 + \beta_1 x_i)$ で与える.つまり,ε_i は y_i を式 (10.1) を用いて x_i で予測したときの誤差である.ε_i を**誤差項**と呼ぶ.誤差は一般的に確率変動していると考え,他の誤差項とは関係していないと考える.そのため,誤差項には以下のような仮定をおくことが一般的である.

(i) $\mathrm{E}(\varepsilon_i) = 0, \quad \mathrm{Var}(\varepsilon_i) = \sigma^2 > 0, \quad i \in \{1, \ldots, n\}$

(ii) $\mathrm{Cov}(\varepsilon_i, \varepsilon_j) = 0, \quad i \neq j$

特に，多くの場合は，$\varepsilon_1,\ldots,\varepsilon_n$ は独立同一に平均 0，分散 σ^2 の正規分布と仮定されている．本書でも特に断らない限り，正規分布を仮定する．また説明変数 $x_1,\ldots,x_n$ は確率変数ではない固定された値であることに注意する．このとき，誤差を含めた回帰式は以下のように表現できる．

$$y_i = \beta_0 + \beta_1 x_i + \varepsilon_i$$

直感的に考えれば，この誤差項を何かしらの意味ですべての個体 i について小さくできればよいことがわかる．誤差項を小さくする 1 つの方法が以下の最小二乗法である．

定義 10.1　最小二乗法（単回帰）

$(x_1,y_1),(x_2,y_2),\ldots,(x_n,y_n)$ の n 個のデータの組が得られたとする．下記の誤差項の二乗の総和が最小となる回帰直線を考える．

$$L(\beta_0,\beta_1) = \sum_{i=1}^{n} \varepsilon_i^2 = \sum_{i=1}^{n} \{y_i - (\beta_0 + \beta_1 x_i)\}^2 \tag{10.2}$$

式 (10.2) を最小にする β_0, β_1 を求めることを最小二乗法といい，得られた β_0, β_1 の値 $\hat{\beta}_0$, $\hat{\beta}_1$ を最小二乗推定量 (LSE) という．

式 (10.2) を計算すると，以下の公式が得られる．

$$
\begin{aligned}
L(\beta_0,\beta_1) &= \sum_{i=1}^{n} \{y_i - (\beta_0 + \beta_1 x_i)\}^2 \\
&= (n-1)\left\{ s_{xx}\left(\beta_1 - \frac{s_{xy}}{s_{xx}}\right)^2 + \left(1 - \frac{s_{xy}^2}{s_{xx}s_{yy}}\right)s_{yy} \right\} + n\left\{\beta_0 - (\bar{y} - \beta_1\bar{x})\right\}^2
\end{aligned}
$$

以上より，$L(\beta_0,\beta_1)$ を最小にする $\hat{\beta}_0$, $\hat{\beta}_1$ は次で与えられる．

$$\hat{\beta}_1 = \frac{s_{xy}}{s_{xx}}, \quad \hat{\beta}_0 = \bar{y} - \hat{\beta}_1\bar{x}$$

また，残差平方和 (RSS) を以下で表す．

$$\text{RSS} = L(\hat{\beta}_0,\hat{\beta}_1) = \sum_{i=1}^{n} \{y_i - (\hat{\beta}_0 + \hat{\beta}_1 x_i)\}^2$$

さらに最小二乗推定量は β_0, β_1 の不偏推定量となることが知られている．つまり，$\mathrm{E}(\hat{\beta}_0) = \beta_0$, $\mathrm{E}(\hat{\beta}_1) = \beta_1$ である．

最小二乗法を用いて点推定値を得ることができた．一方で，実際にデータ解析をする際には説明変数が目的変数をどれくらい説明できているかが重要である．「目的変数をどれくらい説明できているか」を測る 1 つの指標が次の決定係数である．

決定係数（単回帰）

$(x_1, y_1), (x_2, y_2), \ldots, (x_n, y_n)$ の n 個のデータの組が得られたとする．$\hat{y}_i = \hat{\beta}_0 + \hat{\beta}_1 x_i$ とおく．このとき，R^2 を以下で与える．

$$R^2 = 1 - \frac{\sum_{i=1}^n (y_i - \hat{y}_i)^2}{\sum_{i=1}^n (y_i - \bar{y})^2}$$

この R^2 を決定係数と呼ぶ．また R^2 は 0 以上，1 以下の値をとる．

このとき，以下の等式が成り立つ．

$$L(\hat{\beta}_0, \hat{\beta}_1) = \sum_{i=1}^n \{y_i - (\hat{\beta}_0 + \hat{\beta}_1 x_i)\}^2 = \sum_{i=1}^n (y_i - \hat{y}_i)^2 = n(1 - R^2) s_{yy}$$

この式から決定係数は全体的な誤差をどれくらい小さくしているのかを表している．つまり，説明変数がどのくらい説明できているのかの割合を与えている．R^2 が 1 に近いほどよく説明できていることがわかる．また $(x_1, y_1), (x_2, y_2), \ldots, (x_n, y_n)$ の相関係数 r_{xy} とすると，$R^2 = r_{xy}^2$ となり，決定係数と相関係数は関係している．

式 (10.1) において，$\beta_1 = 0$ であれば，説明変数 x は目的変数 y の予測や説明に必要がないことになる．最小二乗推定の結果から $\hat{\beta}_1 = 0$ になるためには，標本共分散がゼロである必要があるが，実際のデータにおいて，標本共分散がゼロになることは少ない．また，$\hat{\beta}_1 = 0$ だからといって，$\beta_1 = 0$ となるとも限らない．このような場合，帰無仮説 $\mathcal{H} : \beta_1 = 0$ とする検定を行うことがしばしばある．

手順 10.1　回帰係数の検定

検定問題を以下のように設定しよう．

$$\mathcal{H} : \beta_1 = 0 \quad \text{vs} \quad \mathcal{A} : \beta_1 \neq 0$$

$\varepsilon_1, \ldots, \varepsilon_n$ が独立同一に平均 0, 分散 σ^2 の正規分布に従っているとする．

$$\varepsilon_1, \ldots, \varepsilon_n \sim \mathcal{N}(0, \sigma^2)$$

このとき，帰無仮説 $\mathcal{H}$ の下で，以下が成り立つ．

$$t = \frac{\sqrt{s_{xx}} \hat{\beta}_1}{\sqrt{\text{RSS}/(n-2)}} \sim t_{n-2}$$

つまり，t は自由度 $n-2$ の t 分布に従う．t を用いて回帰係数 β_1 の検定は以下のように与えられる．

$$\begin{cases} |t| > t_{n-2}(\alpha/2) \Rightarrow \mathcal{H} \text{ を棄却し，} \mathcal{A} \text{ を支持する} \\ |t| \leq t_{n-2}(\alpha/2) \Rightarrow \mathcal{H} \text{ を保留する} \end{cases}$$

データから計算される t の実現値を t 値 (t value) と呼び，t 値を用いて P 値は以下で与えられる.

$$\text{P 値} = 2\Pr(T \geq |t|) = 2\{1 - F_T(|t|)\}$$

ここで，$T \sim t_{n-2}$ であり，$F_T(t)$ は自由度 $n-2$ の t 分布の分布関数である.

ここまで単回帰分析の基本的な理論を説明してきたが，例題を用いて R での解析の方法や結果の見方を説明していく.

◆ **例題 10.1** ◆

MASS パッケージに含まれる車の種類と価格や走行距離などのデータをまとめた cars データセットにおいて，車の速度 (speed) を説明変数，停止距離 (dist) を目的変数として単回帰分析を実行せよ.

【解答】 線形回帰分析は lm() を用いると簡単である. また summary() を用いることで，必要な情報を見ることができる. cars データセットを用いるために，MASS パッケージをインストールし，読み込んでおく.

```
library(MASS)
data    <- cars
result <- lm(formula = dist ~ speed, data = data)
summary(result)
```

lm() 関数では，~ の左側に目的変数，右側に説明変数を入力し，回帰モデルを指定する. 実行すると以下の結果が返ってくる.

```
Call:
lm(formula = dist ~ speed, data = data)

Residuals:
    Min      1Q  Median      3Q     Max
-29.069  -9.525  -2.272   9.215  43.201

Coefficients:
            Estimate Std. Error t value Pr(>|t|)
(Intercept) -17.5791     6.7584  -2.601   0.0123 *
speed         3.9324     0.4155   9.464 1.49e-12 ***
---
Signif. codes:  0 '***' 0.001 '**' 0.01 '*' 0.05 '.' 0.1 ' ' 1
```

```
Residual standard error: 15.38 on 48 degrees of freedom
Multiple R-squared:  0.6511,    Adjusted R-squared:  0.6438
F-statistic: 89.57 on 1 and 48 DF,  p-value: 1.49e-12
```

□

表 10.1　結果の見方

項目	意味
Residuals	残差
Estimate	回帰係数の推定値，(Intercept) は切片項 (β_0)
Std. Error	標準偏差
t value	(回帰係数) $= 0$ を帰無仮説としたときの t 値
Pr(>|t|)	t value に対応した P 値 '***': $0\sim0.001$, '**': $0.001\sim0.01$, '*': $0.01\sim0.05$, '.': $0.05\sim0.1$, ' ': $0.1\sim$
Residual standard error	誤差の標準偏差
Multiple R-squared	決定係数
Adjusted R-squared	自由度調整済み決定係数
F-statistic	回帰係数がすべて 0 を帰無仮説としたときの F 統計量の値
p-value	F-statistic に対応した P 値

結果の見方を表 10.1 にまとめた．いくつかの重要な項目を見てみよう．まず注目する項目は，決定係数 (Multiple R-squared) がどれくらい 1 に近いかである．今回の単回帰分析では，約 65% 程度の説明ができている．次に回帰係数 (Coefficients) を見てみよう．推定値 (Estimate) は定義 10.3 の最小二乗法での推定値を表している．また P 値 (Pr(>\|t\|)) は，説明変数が単回帰分析に対して有効な変数であるかを検定を使って調べた際の P 値である．横に付いている*の数が多いほど有効であることが一目でわかるようになっている．

　まず，(Intercept) は回帰直線の切片項 β_0 を表し，dist の speed に依らない固定的な影響を見ることができる．また結果から切片項 β_0 は 0 でないことがわかる．一方で，speed の P 値は非常に小さく speed は dist を説明するために重要な変数であることがわかる．また，回帰係数が正であることから，speed が速くなるにつれて dist は長くなることがわかる．

　また，データの上に回帰直線を描きたい場合は，例題 10.1 のコードの後ろに下のコードを実行すれば，図 10.1 を作ることができる．

```
plot(dist ~ speed, data = data)
abline(result)
```

10.1.2 重回帰分析

例えば，ある人の体重をその人の身長だけから予測や説明することは難しいことはわかるだろう．このような場合は，身長に加えて性別や座高などの別の変数も合わせて回帰すれば予測や説明の精度を向上できる．このように複数の説明変数を用いた回帰分析を**重回帰分析**という．目的変数ベクトル $\boldsymbol{x}_i = (x_{i1}, \ldots, x_{ip})^\top$ と説明変数 y_i の n 個のデータの組 $(\boldsymbol{x}_1, y_1), (\boldsymbol{x}_2, y_2), \ldots, (\boldsymbol{x}_n, y_n)$ が得られる．ここで $n > p+1$ とし，$\top$ は転置記号を表す．また以降ではベクトルおよび行列を太字で表し，すべてのベクトルを列ベクトルとして考える．

$$y_1 = \beta_0 + \beta_1 x_{11} + \cdots + \beta_p x_{1p} + \varepsilon_1$$
$$y_2 = \beta_0 + \beta_1 x_{21} + \cdots + \beta_p x_{2p} + \varepsilon_2$$
$$\vdots$$
$$y_n = \beta_0 + \beta_1 x_{n1} + \cdots + \beta_p x_{np} + \varepsilon_n$$

この式は以下のようにベクトルと行列で表すことができる．

$$
\begin{pmatrix} y_1 \\ y_2 \\ \vdots \\ y_n \end{pmatrix}
=
\begin{pmatrix}
1 & x_{11} & x_{12} & \cdots & x_{1p} \\
1 & x_{21} & x_{22} & \cdots & x_{2p} \\
\vdots & \vdots & \vdots & \ddots & \vdots \\
1 & x_{n1} & x_{n2} & \cdots & x_{np}
\end{pmatrix}
\begin{pmatrix} \beta_0 \\ \beta_1 \\ \beta_2 \\ \vdots \\ \beta_p \end{pmatrix}
+
\begin{pmatrix} \varepsilon_1 \\ \varepsilon_2 \\ \vdots \\ \varepsilon_n \end{pmatrix}
\tag{10.3}
$$

これを行列の記号で表すと扱いが簡単になる．以下のように記号をおく．

$$
\boldsymbol{y} = \begin{pmatrix} y_1 \\ y_2 \\ \vdots \\ y_n \end{pmatrix}, \;
\boldsymbol{\beta} = \begin{pmatrix} \beta_0 \\ \beta_1 \\ \beta_2 \\ \vdots \\ \beta_p \end{pmatrix}, \;
\boldsymbol{\varepsilon} = \begin{pmatrix} \varepsilon_1 \\ \varepsilon_2 \\ \vdots \\ \varepsilon_n \end{pmatrix},
$$

$$
\boldsymbol{X} = \begin{pmatrix} 1 & \boldsymbol{x}_1^\top \\ 1 & \boldsymbol{x}_2^\top \\ \vdots & \vdots \\ 1 & \boldsymbol{x}_n^\top \end{pmatrix}
=
\begin{pmatrix}
1 & x_{11} & x_{12} & \cdots & x_{1p} \\
1 & x_{21} & x_{22} & \cdots & x_{2p} \\
\vdots & \vdots & \vdots & \ddots & \vdots \\
1 & x_{n1} & x_{n2} & \cdots & x_{np}
\end{pmatrix}
$$

このとき，行列とベクトルを用いて式 (10.3) は以下のように表せる．

$$\boldsymbol{y} = \boldsymbol{X}\boldsymbol{\beta} + \boldsymbol{\varepsilon}$$

ただし，$\boldsymbol{X}$ の階級 (rank) は $p+1$，つまり，$\mathrm{rank}(\boldsymbol{X}) = p+1$ とする．また，単回帰分析の場合と同様に誤差項には以下のような仮定をおく．

(i) $\mathrm{E}(\varepsilon_i) = 0$, $\mathrm{Var}(\varepsilon_i) = \sigma^2 > 0$, $\quad i \in \{1, \ldots, n\}$

(ii) $\mathrm{Cov}(\varepsilon_i, \varepsilon_j) = 0$, $\quad i \neq j$

このとき，最小二乗法は以下のように与えられる．

定義 10.3 　最小二乗法（重回帰）

単回帰における誤差項の二乗の総和に対応して考えると，重回帰の場合は y_i と $\beta_0 + \beta_1 x_{i1} + \cdots + \beta_p x_{ip}$ の差の二乗の総和を最小にすることを考えればよい．つまり，次式を最小にすることを考える．

$$L(\boldsymbol{\beta}) = \sum_{i=1}^{n} \varepsilon_i^2 = \sum_{i=1}^{n} \left\{ y_i - (\beta_0 + \beta_1 x_{i1} + \cdots + \beta_p x_{ip}) \right\}^2 = \sum_{i=1}^{n} \left(y_i - \boldsymbol{x}_i^\top \boldsymbol{\beta} \right)^2 \quad (10.4)$$

単回帰のときと同様に式 (10.4) を最小にする $\boldsymbol{\beta}$ を求めることを最小二乗法といい，得られた値 $\hat{\boldsymbol{\beta}}$ を最小二乗推定量 (LSE) という．

式 (10.4) を行列計算すると，以下の公式が得られる[1]．

$$\begin{aligned}
L(\boldsymbol{\beta}) &= (\boldsymbol{y} - \boldsymbol{X}\boldsymbol{\beta})^\top (\boldsymbol{y} - \boldsymbol{X}\boldsymbol{\beta}) \\
&= \left\{ \boldsymbol{\beta} - \left(\boldsymbol{X}^\top \boldsymbol{X} \right)^{-1} \boldsymbol{X}^\top \boldsymbol{y} \right\}^\top \boldsymbol{X}^\top \boldsymbol{X} \left\{ \boldsymbol{\beta} - \left(\boldsymbol{X}^\top \boldsymbol{X} \right)^{-1} \boldsymbol{X}^\top \boldsymbol{y} \right\} \\
&\quad + \boldsymbol{y}^\top \left\{ \boldsymbol{I}_n - \boldsymbol{X} \left(\boldsymbol{X}^\top \boldsymbol{X} \right)^{-1} \boldsymbol{X}^\top \right\} \boldsymbol{y}
\end{aligned} \quad (10.5)$$

ここで，$\boldsymbol{I}_n$ は $n \times n$ の単位行列である．また (10.5) の最後の式は $\boldsymbol{\beta}$ に関するベクトル版の平方完成と見ることができ，$\boldsymbol{X}^\top \boldsymbol{X}$ は正定値対称行列なので $L(\boldsymbol{\beta})$ を最小にする $\hat{\boldsymbol{\beta}}$ は次で与えられる．

$$\hat{\boldsymbol{\beta}} = \left(\boldsymbol{X}^\top \boldsymbol{X} \right)^{-1} \boldsymbol{X}^\top \boldsymbol{y}$$

さらに $\hat{\boldsymbol{\beta}}$ は $\boldsymbol{\beta}$ の不偏推定量となることが知られている．また $L(\boldsymbol{\beta})$ の最小値である残差平方和 (RSS) は以下のようになる．

---

[1]最後の式から最初の式へ計算すると一致することが簡単にわかる．

$$\mathrm{RSS} = \sum_{i=1}^{n}(y_i - \hat{\boldsymbol{\beta}}^\top \boldsymbol{x}_i)^2 = \boldsymbol{y}^\top \left\{ \boldsymbol{I}_n - \boldsymbol{X}\left(\boldsymbol{X}^\top \boldsymbol{X}\right)^{-1}\boldsymbol{X}^\top \right\} \boldsymbol{y}$$

定義 10.4 **決定係数（重回帰）**

単回帰の場合と同様に以下のように $\hat{y}_i = \hat{\boldsymbol{\beta}}^\top \boldsymbol{x}_i$ とおく．このとき，決定係数 R^2 を以下で与える．

$$R^2 = 1 - \frac{\sum_{i=1}^{n}(y_i - \hat{y}_i)^2}{\sum_{i=1}^{n}(y_i - \bar{y})^2}$$

また R^2 は 0 以上，1 以下の値をとり，説明変数がどのくらい説明できているのかの割合を与えている．R^2 が 1 に近いほどよく説明できている．

　しかし，決定係数のみで当てはまりの良さを確認することは危険である．1 つの理由が説明変数が増えると，決定係数は 1 に近づいていく．そのため，以下の自由度調整済み決定係数 R_*^2 が用いられる．

$$R_*^2 = 1 - \frac{n-1}{n-p-1}(1-R^2) = 1 - \frac{\sum_{i=1}^{n}(y_i - \hat{y}_i)^2/(n-p-1)}{\sum_{i=1}^{n}(y_i - \bar{y})^2/(n-1)}$$

　重回帰分析において，回帰係数の解釈は次のように考える．回帰係数 β_j は他の説明変数 $x_k(k \neq j)$ がすべて等しいときに j 番目の目的変数 x_j が 1 変化すると目的変数の値は β_j だけ変化する．しかし，もし $\beta_j > 0$ であっても，単純に x_j を増やせば目的変数が増えるという意味ではない．また回帰係数の大きさは，説明変数の重要度とは関係しないので，回帰係数が大きいからといって重要な変数というわけではない．そのため単回帰分析のときと同様に，j 番目の説明変数が目的変数を説明するのに必要かどうかを調べるために以下の検定を考える．

手順 10.2　回帰係数の検定

次の検定問題を考える．

$$\mathcal{H} : \beta_j = 0 \quad \mathrm{vs.} \quad \mathcal{A} : \beta_j \neq 0$$

$\varepsilon_1, \ldots, \varepsilon_n$ が独立同一に平均 0, 分散 σ^2 の正規分布に従っている．

$$\varepsilon_1, \ldots, \varepsilon_n \sim \mathcal{N}(0, \sigma^2)$$

このとき，帰無仮説 $\mathcal{H}$ の下で，以下が成り立つ．

$$t(j) = \frac{\hat{\beta}_j}{\sqrt{s_{xx}^j \mathrm{RSS}/(n-p-1)}} \sim t_{n-p-1}$$

ここで，s_{xx}^j は $(\boldsymbol{X}^\top \boldsymbol{X})^{-1}$ の (j,j) 成分である．$t(j)$ を用いて回帰係数 β_j の検定は以下のように与えられる．

$$\begin{cases} |t(j)| > t_{n-p-1}(\alpha/2) \Rightarrow \mathcal{H} \text{ を棄却する} \\ |t(j)| \leq t_{n-p-1}(\alpha/2) \Rightarrow \mathcal{H} \text{ を保留する} \end{cases}$$

データから計算される $t(j)$ の実現値を t 値と呼び，t 値を用いて P 値は以下で与えられる．

$$\text{P 値} = 2\Pr(T \geq |t(j)|) = 2\{1 - F_T(t(j))\}$$

ここで，$T \sim t_{n-p-1}$ であり，$F_T(t)$ は自由度 $n-p-1$ の t 分布の分布関数である．

◆ **例題 10.2** ◆

R の中にある住宅価格などのデータをまとめた Boston データにおいて，住宅価格 (medv) を目的変数として，残りの変数を説明変数として重回帰分析を実行せよ．

【解答】 lm() を以下のように用いるとすべての説明変数を使った解析が可能になる．

```
library(MASS)
data    <- Boston
result <- lm(medv~., data = data)
summary(result)
```

これを実行すると，下記の結果が返ってくる．

```
Call:
lm(formula = medv ~ ., data = data)

Residuals:
     Min      1Q  Median      3Q     Max
-15.595  -2.730  -0.518   1.777  26.199

Coefficients:
              Estimate Std. Error t value Pr(>|t|)
(Intercept)  3.646e+01  5.103e+00   7.144 3.28e-12 ***
crim        -1.080e-01  3.286e-02  -3.287 0.001087 **
zn           4.642e-02  1.373e-02   3.382 0.000778 ***
indus        2.056e-02  6.150e-02   0.334 0.738288
chas         2.687e+00  8.616e-01   3.118 0.001925 **
nox         -1.777e+01  3.820e+00  -4.651 4.25e-06 ***
rm           3.810e+00  4.179e-01   9.116  < 2e-16 ***
age          6.922e-04  1.321e-02   0.052 0.958229
dis         -1.476e+00  1.995e-01  -7.398 6.01e-13 ***
rad          3.060e-01  6.635e-02   4.613 5.07e-06 ***
tax         -1.233e-02  3.760e-03  -3.280 0.001112 **
```

```
ptratio        -9.527e-01  1.308e-01   -7.283 1.31e-12 ***
black           9.312e-03  2.686e-03    3.467 0.000573 ***
lstat          -5.248e-01  5.072e-02  -10.347  < 2e-16 ***
---
Signif. codes:  0 '***' 0.001 '**' 0.01 '*' 0.05 '.' 0.1 ' ' 1

Residual standard error: 4.745 on 492 degrees of freedom
Multiple R-squared:  0.7406,     Adjusted R-squared:  0.7338
F-statistic: 108.1 on 13 and 492 DF,  p-value: < 2.2e-16
```

各項目の見方は，表 10.1 と同様である．P 値から説明変数の zn（広い家の割合）や nox（一酸化窒素濃度）は目的変数 medv を説明するのに必要であることはわかる．逆に age（古い家の割合）は必要ないことがわかる．また調整済み決定係数（Adjusted R-squared）から medv はすべての変数を使ったときは約 70% 程度を説明できていることがわかる． □

　一方で，近年の統計解析において，決定係数や P 値の問題点も多く指摘されており，決定係数や P 値だけで解析結果を解釈することは危険である．まず，決定係数や調整済み決定係数は説明変数が増えると比例して大きくなる傾向がある．これは説明変数を多くすることで表現力が増えた結果，モデルへの過剰適合 (overfitting) が起きていることを意味する．例えば，単回帰分析のときの cars のデータの一部（図 10.2 の ○）に対して，次のように速度のべき乗を説明変数に加えてみることを考える．

$$\mathtt{dist} = \beta_0 + \beta_1 \times (\mathtt{speed}) + \beta_2 \times (\mathtt{speed})^2 + \cdots + \beta_q \times (\mathtt{speed})^q$$

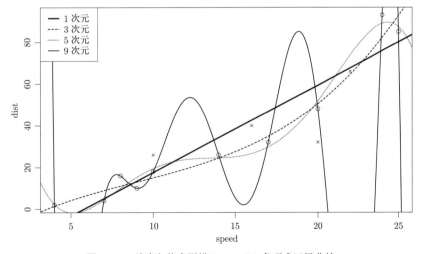

図 **10.2**　速度と停止距離についての多項式回帰曲線.

図 10.2 からわかるように，次元数 q を大きくするに従って，曲線が ○ に近づく．最終的には，$q = 9$ 次元のときは完全に点の上を通る曲線になっている．このように説明変数を多くするとより複雑な曲線を表現でき，決定係数も 1 に近づけることができる．しかしながら，$q = 9$ の曲線では変動が大きくなり過ぎて，予測を誤る可能性がある．実際に図 10.2 の推定に使っていない点 (×) に対しては，$q = 9$ のときのグラフよりも $q = 1$ の直線の方が全体的に当てはまっているように見える．以上のように，（調整済み）決定係数のみで判断すると，過剰適合などの問題が起こり予測や説明を誤ることになる．また，P 値を用いることも多重検定の問題などから注意が必要である．そのため，最適な変数やモデルを選ぶ場合は，（調整済み）決定係数や検定だけでなく，クロスバリデーション (cross-validation, CV) や 10.2 節で説明する情報量規準などのモデル選択法を適切に用いる必要がある．

ここで少しだけ，最小二乗法の理論的なところに触れる．ガウス・マルコフの定理によって，最小二乗推定量の良さは線形回帰分析において最良線形不偏推定量 (BLUE: best linear unbiased estimator) となることが古くから知られている（[12, 29] などを参照するとよい）．さらに近年，モダン・ガウス・マルコフの定理 (modern Gauss-Markov theorem) として，さらに広いクラスの不偏推定量の中で最も良いということが [14] において示された．これらの理論的結果から最小二乗法は重回帰分析の推定法としてよく利用される．

10.1.3　説明変数

2.1 節で述べたように，データは大きく分けて質的データと量的データに分けられる．量的データに関しては，説明変数としてそのまま使っても大きな問題はない．しかしながら，質的データの場合は，いくつかの注意が必要である．本項では特に質的データに関して，説明変数の取り込み方についていくつか紹介する．

名義尺度

復習になるが，名義尺度は性別（男，女）や血液型 (A, B, O, AB) のようにデータの値が同一かどうかに意味のある変数のことである．このような変数を回帰分析に適用する場合は，**ダミー変数**といわれるものを用いる．例えば性別の場合，男：1，女：0 のようにデータを整理することである．このように $\{0,1\}$ に変換することをダミーコーディングという．

カテゴリが 2 つの場合は，上記のようにして問題ないが 3 つ以上のカテゴリの場合は，注意が必要である．例えば血液型の場合，A:0, B:1, O:2, AB:3 のようにおいて回帰分析を行うと，A 型に比べて AB 型は 3 倍もの効果を持ってしまう．つまり，値に意味を持ってしまうのである．このようなことを防ぐために，実際には A:(0,0,0), B:(1,0,0), O:(0,1,0), AB:(0,0,1) とベクトルを使って表現することが基本である．カテゴリの数と同じ 4 次元のベクトルを使わないのは，説明変数行列の線形独立性が崩れるからである．ただし，複数の質

的変数が説明変数に含まれていると，ダミーコーディングを行っても線形独立性が崩れてしまう可能性が高くなるため，注意が必要である．また名義尺度では，0や(0,0,0)の因子が基準であることに注意する必要がある．つまり，男：1，女：0である場合は，女性に比べて男性が回帰係数の分だけ目的変数を変化させるという意味である．

　Rでlm()を用いる場合は，名義尺度の変数に関してデータの型を「文字列(character)」もしくは「順序なし因子(factor)」にしておけば，ダミーコーディングを自動的に行ってくれる．

順序尺度

　次に順序尺度は，授業の成績評価(S, A, B, C, D)や癌のステージなどの順序には意味があるカテゴリ変数のことである．このような質的データの場合には，ダミー変数を使うと順序の情報が失われてしまうことが問題である．そのため，順序付きの質的データには適切に重みを付ける必要がある．例えば，成績(S, A, B, C, D)を数値化する最も簡単な方法は，S:4, A:3, B:2, C:1, D:0とすれば順序の情報を持つ．この数値のおき方はS:2, A:1, B:0, C:-1, D:-2としたり，S:90, A:80, B:70, C:60, D:0としてもよいわけであるので状況に応じて，重みを適切に決める必要がある．

　関数lm()のデフォルトでは，多項式対比行列の値をそれぞれのカテゴリと置き換えている．まず，成績(S, A, B, C, D)のようにカテゴリ数が5の場合，多項式対比行列はcontr.poly(カテゴリ数)を用いて以下のように与えられる．

```
contr.poly(5)
             .L          .Q           .C          ^4
 [1,]  -0.6324555   0.5345225  -3.162278e-01   0.1195229
 [2,]  -0.3162278  -0.2672612   6.324555e-01  -0.4780914
 [3,]   0.0000000  -0.5345225  -4.095972e-16   0.7171372
 [4,]   0.3162278  -0.2672612  -6.324555e-01  -0.4780914
 [5,]   0.6324555   0.5345225   3.162278e-01   0.1195229
```

多項式対比行列の詳細な求め方は，[33]を見るとよいだろう．ここでは難しいので割愛する．このとき，成績の順序をS > A > B > C > Dとすると，Dに第1行目，Cに第2行目，Bに第3行目，Aに第4行目，Sに第5行目を対応させて説明変数としている．また．L, .Q, .C, ^4はそれぞれ1次，2次，3次，4次という次数を表している．多項式対比による順序尺度の説明変数の取り扱いは，順序尺度を等間隔の間隔尺度に変換する方法である．その他にもアンケート調査のように設問が等間隔ではなさそうなデータに対しては，リッカートのシグマ法などがあり，データに応じた変換が必要となる．

　実際に質的変数を含むデータの重回帰分析を行ってみよう．表10.2はあるクラス50人の身長(height)，体重(weight)，性別(sex)，血液型(blood)，授業評価(grade)を記録した

データの一部である．身長を目的変数としての重回帰分析を考える．このとき，体重は量的データであり，性別と血液型は名義尺度の質的データであり，成績は順序尺度の質的データである．

表10.2　クラス50人の身長，体重，性別，血液型，授業評価を記録したデータの初めの5人

ID	身長	体重	性別	血液型	評価
1	150.8	43.9	女	A	A
2	171.8	74.6	男	B	S
3	159.7	69.1	男	AB	C
4	165.1	72.1	男	A	C
5	150.9	44.9	女	A	B

◆ **例題 10.3** ◆

表10.2のデータ (data10_1.csv) において，身長を目的変数，残りの変数を説明変数として，説明変数のデータの種類に気をつけて，重回帰分析せよ．

【解答】　まずデータの型や構造を確かめよう．第1章で述べたようにデータの型が「文字列 (character)」，「順序なし因子 (factor)」，「順序あり因子 (ordered)」になっているかを is.character(), is.factor(), is.ordered() を用いて確認し，なっていない場合は，as.character(), as.factor(), as.ordered() を用いて変換する．注意点として，as.ordered() は通常はアルファベット順や五十音順に順序が付くので，そうでない場合は先に factor() を用いて順番 (levels) を決めておく必要がある．

```
data <- read.csv("data10_1.csv", header = T)
is.numeric(data$weight)    # 体重は量的データか
 [1] TRUE
is.character(data$sex)     # 性別は名義尺度（文字列型）か
 [1] TRUE
is.character(data$blood)   # 血液は名義尺度（文字列型）か
 [1] TRUE
is.ordered(data$grade)     # 授業評価は順序尺度か
 [1] FALSE
```

授業評価 (grade) は実際には順序付きカテゴリだが，is.ordered(data$grade) の結果を見るとFALSE となっており，順序付きカテゴリになっていないことがわかる．実際にデータを csv ファイルから読み込むとこのようになることが多い．そのため，以下のように順序付きのカテゴリにデータの型を変える必要がある．

```
data$grade <- as.ordered(factor(data$grade,
                 levels = c("D", "C", "B", "A", "S")))
is.ordered(data$grade)
 [1] TRUE
```

実際にこれで，回帰分析を実行すると，以下の結果が返ってくる．lm() 関数では，-ID によって回帰モデルの説明変数から ID を除くように指定している．

```
result <- lm(height~.-ID, data = data)
summary(result)
 Call:
 lm(formula = height ~ . - ID, data = data)

 Residuals:
      Min      1Q   Median      3Q      Max
 -16.8188  -7.2530  -0.3777   6.0857  15.9330

 Coefficients:
             Estimate Std. Error t value Pr(>|t|)
 (Intercept) 14.92953   15.27747   0.977   0.3343
 weight       2.96778    0.30272   9.804 3.41e-12 ***
 sexmale    -54.46313    7.09056  -7.681 2.15e-09 ***
 bloodAB     -0.07317    4.66716  -0.016   0.9876
 bloodB       0.40381    3.53976   0.114   0.9097
 bloodO      -2.46105    3.54869  -0.694   0.4920
 grade.L      7.59961    3.63864   2.089   0.0432 *
 grade.Q      2.35674    3.42566   0.688   0.4954
 grade.C      0.47206    2.98981   0.158   0.8753
 grade^4      1.14501    2.92828   0.391   0.6979
 ---
 Signif. codes:  0 '***' 0.001 '**' 0.01 '*' 0.05 '.' 0.1 ' ' 1

 Residual standard error: 9.138 on 40 degrees of freedom
 Multiple R-squared:  0.7773,    Adjusted R-squared:  0.7272
 F-statistic: 15.51 on 9 and 40 DF,  p-value: 1.744e-10
```

各項目の見方は，表 10.1 と同様である．また本項の初めに述べたように，性別は，2 値のダミー変数を用いており，男性 (male) を 1，女性 (female) を 0 とし，説明変数として扱っている．つまり，sexmale はこのようなダミー変数を用いたときの回帰係数であり，女性を基準として同じ体重であれば男性の方が身長が低いと見ることができる．同様に，血液型は 4 つのカテゴリなのでダミー変数を用いる．bloodAB, bloodB, bloodO はダミー変数を説明変数として扱ったときの回帰係数の結果である．また順序カテゴリの grade.L, grade.Q, grade.C, grade^4 は授業評価を多項式対比行列に置き換えて説明変数に加え，その回帰係数の結果である．

　ここまでの 10.1 節は基礎的な内容である．以降の節では発展的ないくつかの話題について扱う．これらの話題を本書だけで完全に理解するのは難しいので，随所に記した参考文献を参照してもらいたい．

10.2 モデルの選択 🐾

前節では，検定を用いることでそれぞれの説明変数が目的変数の説明に有効な変数かどうかを考えていた．しかしながら，変数の組み合わせを選ぶ場合，複数回の検定を行うことになり，多重検定の問題になりやすい．また 10.1.2 項でも述べたように，決定係数は変数が増えれば，増加していくことがわかっているため，最適な変数の組み合わせを選ぶには十分ではない．さらに，前節で述べたように説明変数の組み合わせは様々あり，どれを用いるのが最適かがわかりにくい．そこで本節では，古くから「良いモデル」を選ぶ評価基準として様々な場面で使われている情報量規準に基づいて，最適な説明変数を選ぶ方法を紹介する．

情報量規準の考え方は，重回帰分析に限らず様々な統計解析で用いられており，10.3 節で扱うロジスティック回帰などでも用いることができる．情報量規準の導出方法や理論的性質については，難しいのでここでは割愛するが多くの研究で理論的な結果が示されている．勉強したい方は [19] などを参照するとよいだろう．

10.2.1 赤池情報量規準 (AIC)

赤池情報量規準 (AIC) は，赤池弘次が 1973 年に提案した統計モデルの良さを評価するための指標である [3]．最も有名な情報量規準の１つであり，よく使われている．AIC はいくつかの正則条件 [11] の下で，期待平均対数尤度の漸近不偏推定量として以下のように与えられる．

> **定義 10.5　赤池情報量規準 (AIC)**
>
> 赤池情報量基準 (AIC) は以下の形で表される．
>
> $$\text{AIC} = -2 \times \underbrace{(\text{最大対数尤度})}_{\text{当てはまりの良さ}} + 2 \times \underbrace{(\text{パラメータ数})}_{\text{複雑さ}}$$

AIC はしばしばモデルの複雑さとデータとの適合度とのバランスをとるために使用されるといわれる．それは最大対数尤度はモデルの当てはまりの良さを表しており，大きくなれば当てはまりが良くなり，データとの適合度が良くなる．一方，現在のデータへの適合度が高すぎると図 10.2 の $q = 9$ 次元のときのように過剰に適合してしまい，予測が外れてしまう可能性がある．良い予測のためには，モデルの複雑さとデータとの適合度とのバランスをとる必要があり，AIC はそれを表していることがわかる．つまり，AIC の値が小さいほど良いモデルと考えられる．誤差が正規分布に従うときの線形回帰モデルにおける AIC は次のように表せる．

$$\text{AIC} = \underbrace{n\log(2\pi) + n\left(\log\frac{\text{RSS}}{n} + 1\right)}_{2\times(\text{最大対数尤度})} + \underbrace{2(p+2)}_{2\times(\text{パラメータ数})} \tag{10.6}$$

式 (10.6) を見てわかる通り，回帰分析において当てはまりの良さは RSS の大きさによって決まる．説明変数の数が増えれば，RSS は小さくなる．つまり，説明変数を多く持ってくれば，複雑なモデルになるので，データへの適合度が高くなると解釈できる．一方，現在のデータへの適合度が高すぎると誤差などに過剰に適合してしまい，予測が外れてしまう可能性があるので，罰則として $2 \times$ （パラメータ数）を与えている．AIC はそれらのトレードオフを決める方法である．回帰分析の AIC は `lm` の結果から次のように導出できる．

```
library(MASS)
data   <- Boston
result <- lm(medv~., data = data)
AIC(result)
 [1] 3027.609
```

10.2.2 ベイズ型情報量規準 (BIC)

ベイズ型情報量規準 (BIC) は，[4] および [30] によって提唱された情報量規準である．AIC とともに，最も有名な情報量規準の 1 つであり，よく使われている．AIC と異なり，モデルの事後確率に基づくモデル評価基準であり，周辺尤度を最大にするモデルを選択する方法である．BIC は周辺尤度の漸近近似によって以下のように与えられる．

定義 10.6 ベイズ型情報量規準 (BIC)

ベイズ型情報量基準 (BIC) は以下の形で表される．

$$\text{BIC} = -2 \times （最大対数尤度） + （パラメータ数） \times \log n$$

AIC と同様に，モデルの複雑さとデータとの適合度とのバランスをとる形になっており，違いはパラメータ数にかかる値だけである．つまり，BIC の値が小さいほどよいモデルである．誤差が正規分布に従うときの線形回帰モデルにおける BIC は次のように表せる．

$$\text{BIC} = n \log(2\pi) + n \left(\log \frac{\text{RSS}}{n} + 1 \right) + (p + 2) \log n$$

AIC が予測を見ているのに対して，BIC はモデルの周辺尤度を見ており，特に一般的には BIC はモデル選択の一致性を持つと言われている．AIC と同様に回帰分析の BIC は `lm` の結果から次のように導出できる．

```
library(MASS)
data   <- Boston
result <- lm(medv~., data = data)
BIC(result)
 [1] 3091.007
```

このほかにも，情報量規準は逸脱度情報量規準 (DIC)[5]，一般化情報量規準 (GIC)[19]，Hannan-Quinn information criterion (HQC)[13]，竹内の情報量規準 (TIC)[19] など多く存在しており，近年では WAIC[37] や WBIC[38] が提案されている．また情報量規準以外にも，Mallows の C_p や CV，GCV など情報量規準とは違う考え方で与えられる指標もある [18]．統計解析法などによって適切に使い分ける必要がある．

10.2.3 ステップワイズ法

これまで，説明変数を選択する情報量規準について説明してきた．これらの手法は原則的に総当たりで説明変数の全通りの組み合わせを比べることで，最適な説明変数の組を調べる．しかしながら，総当たりで行うと組み合わせは 2^p 通りとなるため，説明変数が増えれば計算にかかる時間も指数的に増加し，コンピュータで実行できなくなる[2]．これを解決する方法として一般にステップワイズ法がよく知られている．

定理 10.1　ステップワイズ法

ステップワイズ法には，変数増加法，変数減少法，変数増減法，変数減増法などといった方法がある．

- **変数増加法 (forward)** 最小の説明変数の組から説明変数を 1 つずつ取り込んでいき，情報量規準が最小になる変数を採用する．これを繰り返し情報量規準が減少しなくなるまで行い，有意な説明変数の組を作成する方法である．
- **変数減少法 (backward)** 最大の説明変数の組から説明変数を 1 つずつ除いていき，情報量規準が最小になる変数を採用する．これを繰り返し情報量規準が減少しなくなるまで行い，有意な説明変数の組を作成する方法である．
- **変数増減法** 最小の説明変数の組からスタートし，説明変数を 1 つずつ取り込んだり取り除いたりしながら，有意な説明変数の組を作成する方法である．
- **変数減増法** 最大の説明変数の組からスタートし，説明変数を 1 つずつ取り除いたり取り込んだりしながら，有意な説明変数の組を作成する方法である．

現在ではステップワイズ法と呼称するときは，[9] によって提唱されたこの変数増減法を指すのが主流となっている．

---

[2] $p = 30$ とすると変数の組み合わせは $2^{30} = 1073741824$ 通りとなる．1 つの組に対して情報量規準を計算する時間が 1 秒としても 30 年以上かかってしまう．これは現実的ではない．

◆ **例題 10.4** ◆

例題 10.2 で紹介した Boston データセットにおいて，medv を目的変数として回帰分析したときに，AIC と変数増減法を用いて適切な変数を選択せよ．

【解答】 変数増減法は step() を用いて，以下のように書くことができる．

```
library(MASS)
data <- Boston
md_low <- lm(medv~1, data = data)
md_up  <- lm(medv~., data = data)
result <- step(md_low, direction = "both",
               scope = list(upper = md_up, lower = md_low), k = 2)
summary(result)
```

md_low は最小の説明変数（切片のみ）を使ったモデルであり，md_up は最大の（全ての）説明変数を使ったモデル（飽和モデル）であり，lm() を用いて指定している．重回帰分析などと同じように summary() で変数選択後の最終的な結果を見ることができる．また k は，パラメータ数にかかる定数部分である．つまり，AIC の場合は k = 2 であり，BIC の場合は k = log(n) を指定する．また step() を実行すると以下のような結果がたくさん出力される．

```
Step:   AIC=1596.1
medv ~ lstat+rm+ptratio+dis+nox+chas+black+zn+crim+rad

          Df Sum of Sq   RSS      AIC
+ tax      1    273.62  11081  1585.8
<none>                  11355  1596.1
+ indus    1     33.89  11321  1596.6
+ age      1      0.10  11355  1598.1
- zn       1    171.14  11526  1601.7
- rad      1    228.60  11584  1604.2
- crim     1    229.70  11585  1604.2
- chas     1    272.67  11628  1606.1
- black    1    295.78  11651  1607.1
- nox      1    785.16  12140  1627.9
- dis      1   1341.37  12696  1650.6
- ptratio  1   1419.77  12775  1653.7
- rm       1   2182.57  13538  1683.1
- lstat    1   2785.28  14140  1705.1
```

これは，AIC は現在のモデル (medv ~ lstat+rm+ptratio+dis+nox+chas+black+zn+crim+rad) のときの情報量規準であり，+age は age を加えたときの RSS や AIC であり，-zn は zn を減らしたときの RSS や AIC の値である．実際にどのように変数を増やしたり減らしたりしているのかがわかり，今回は tax を加えたときが最も AIC を小さくするので，現在のモデルに tax を加えて次のステップに移行する． □

10.2 モデルの選択　　*183*

実際に近年は，説明変数が多いような高次元データが多く取られており，有意な説明変数の効率的な選び方が必要になっている．この本では紹介しないが，近年ではステップワイズ法以外にも検定を基にした選択方法の Kick-One-Out(KOO) 法 [11] や推定と変数選択を同時に行う罰則付き推定（Lasso 等）[16] などの様々な方法が提案されている．

10.3　ロジスティック回帰 ♣

線形回帰分析は，目的変数が身長や距離などの量的データであることを仮定して行ってきた．しかしながら，病気の有・無や実験の成功・失敗などのような質的データが，目的変数になることも多くある．このようなときはどうすれば妥当な解析が可能だろうか．本節では，ロジスティック回帰モデルを例に一般化線形モデルについて触れる．実際の数理的な面は，[24] などを読むとよいだろう．

10.3.1　ロジスティック回帰モデル

以下のデータは，R のデータセットの Melanoma データの一部である．Melanoma は悪性黒色腫（メラノーマ）患者に対する測定結果をまとめたデータセットで，変数 status は研究終了時の患者の状態を，1 は悪性黒色腫に起因した死亡，2 はまだ生存していること，3 は悪性黒色腫とは関係のない原因での死亡で表している．

```
library(MASS)
head(Melanoma)
    time status sex age year thickness ulcer
1     10      3   1  76 1972      6.76     1
2     30      3   1  56 1968      0.65     0
3     35      2   1  41 1977      1.34     0
4     99      3   0  71 1968      2.90     0
5    185      1   1  52 1965     12.08     1
6    204      1   1  28 1971      4.84     1
```

本書では，悪性黒色腫に起因した生死に関して解析していくことを考える．このような生死などの 2 値の目的変数に対する 1 つの回帰モデルとして，以下のロジスティック回帰モデルがある．

定義 10.7　ロジスティック回帰モデル

データ $(\boldsymbol{x}_1, y_1), \ldots, (\boldsymbol{x}_n, y_n)$ が得られたとする．このとき，y_i は確率 p_i のベルヌーイ分布に従うとする．つまり $y_i = 0$ または 1 であって，以下が成り立つ．

$$\Pr(y_i = 1) = p_i, \quad \Pr(y_i = 0) = 1 - p_i$$

このとき，$\mathrm{E}[y_i] = p_i$ となり，$0 < p_i < 1$ である．ロジスティック回帰モデルは，以下のような説明変数の線形な構造を与える．

$$\mathrm{logit}(p_i) = \log \frac{p_i}{1 - p_i} = \beta_0 + x_{i1}\beta_1 + \cdots + x_{ip}\beta_p$$

このとき，p_i は以下のように表現できる．

$$p_i = \frac{\exp(\beta_0 + x_{i1}\beta_1 + \cdots + x_{ip}\beta_p)}{1 + \exp(\beta_0 + x_{i1}\beta_1 + \cdots + x_{ip}\beta_p)}$$

ロジスティック回帰モデルは，目的変数の期待値 p_i が説明変数の線形結合を用いてモデル化されている．線形回帰モデルは，(モデル)＋(誤差) となっており，ロジスティックモデルとは異なっていることがわかる．線形回帰モデルと同様に，β_j の意味は $x_k(k \neq j)$ がすべて同じ個体に対して，説明変数 x_j が 1 変化することでオッズ $p_i/(1 - p_i)$ が e^{β_j} だけ変化するという意味である．つまり，例えば $\beta_j > 0$ であれば，$x_k(k \neq j)$ がすべて同じ個体に対して説明変数 x_j が 1 変化すると確率 p_i が上昇するという意味である．実際の推定は，最尤推定量を用いるので次で最尤推定量の求め方を与える．

手順 10.3　ロジスティック回帰モデルにおける最尤法

データ $(\boldsymbol{x}_1, y_1), \ldots, (\boldsymbol{x}_n, y_n)$ が得られたとする．パラメータ $\boldsymbol{\beta} = (\beta_0, \beta_1, \ldots, \beta_p)^\top$ としたとき，ロジスティック回帰モデルの対数尤度関数は以下で与えられる．

$$\ell(\boldsymbol{\beta}) = \log L(\boldsymbol{\beta}) = \log \prod_{i=1}^{n} p_i^{y_i}(1 - p_i)^{1 - y_i} = \sum_{i=1}^{n} y_i \log \frac{p_i}{1 - p_i} + \log(1 - p_i)$$

$$= \sum_{i=1}^{n} \left\{ y_i(\beta_0 + \beta_1 x_{i1} + \ldots + \beta_p x_{ip}) - \log\left(1 + \exp(\beta_0 + x_{i1}\beta_1 + \cdots + x_{ip}\beta_p)\right) \right\}$$

この対数尤度関数を最大にする $\boldsymbol{\beta}$ を見つけたい．しかしながら，線形回帰分析のときのように簡単ではない．この場合，微分を用いて $\ell(\beta)$ を最大にする $\boldsymbol{\beta}$ を求める．対数尤度関数の偏微分は次式で与えられる．

$$\frac{\partial}{\partial \beta_j} \ell(\boldsymbol{\beta}) = \begin{cases} \sum_{i=1}^{n} \left(y_i - \dfrac{\exp(\beta_0 + x_{i1}\beta_1 + \cdots + x_{ip}\beta_p)}{1 + \exp(\beta_0 + x_{i1}\beta_1 + \cdots + x_{ip}\beta_p)} \right) & j = 0 \\[4mm] \sum_{i=1}^{n} x_{ij} \left(y_i - \dfrac{\exp(\beta_0 + x_{i1}\beta_1 + \cdots + x_{ip}\beta_p)}{1 + \exp(\beta_0 + x_{i1}\beta_1 + \cdots + x_{ip}\beta_p)} \right) & j = 1, \ldots, p \end{cases} \tag{10.7}$$

最尤推定量は，偏微分 (10.7) を用いて，次の方程式を解くことで得られる．

$$\begin{cases} \displaystyle\sum_{i=1}^{n} \left(y_i - \frac{\exp(\beta_0 + x_{i1}\beta_1 + \cdots + x_{ip}\beta_p)}{1 + \exp(\beta_0 + x_{i1}\beta_1 + \cdots + x_{ip}\beta_p)} \right) = 0 & j = 0 \\ \displaystyle\sum_{i=1}^{n} x_{ij} \left(y_i - \frac{\exp(\beta_0 + x_{i1}\beta_1 + \cdots + x_{ip}\beta_p)}{1 + \exp(\beta_0 + x_{i1}\beta_1 + \cdots + x_{ip}\beta_p)} \right) = 0 & j = 1, \ldots, p \end{cases} \tag{10.8}$$

方程式 (10.8) を尤度方程式もしくは推定方程式という.

この尤度方程式は陽には解けないため,反復計算を用いて導出する必要がある.フィッシャーのスコア法による尤度関数を最大化する反復計算法の更新式は,フィッシャー情報量行列[3] $\boldsymbol{I}(\boldsymbol{\beta})$ を用いて,次のように与えられる.

$$\boldsymbol{\beta}^{(m+1)} = \boldsymbol{\beta}^{(m)} + \boldsymbol{I}(\boldsymbol{\beta}^{(m)})^{-1} \frac{\partial}{\partial \boldsymbol{\beta}} \ell(\boldsymbol{\beta}) \Big|_{\boldsymbol{\beta} = \boldsymbol{\beta}^{(m)}} \tag{10.9}$$

ここで,

$$\frac{\partial}{\partial \boldsymbol{\beta}} \ell(\boldsymbol{\beta}) = \left(\frac{\partial}{\partial \beta_0} \ell(\boldsymbol{\beta}), \frac{\partial}{\partial \beta_1} \ell(\boldsymbol{\beta}), \ldots, \frac{\partial}{\partial \beta_p} \ell(\boldsymbol{\beta}) \right)^{\top}$$

である.このとき,ロジスティック回帰モデルの尤度関数の 2 階微分は以下で与えられる[4].

$$\frac{\partial^2}{\partial \beta_k \beta_\ell} \ell(\boldsymbol{\beta}) = \begin{cases} \displaystyle -\sum_{i=1}^{n} \frac{\exp(\beta_0 + x_{i1}\beta_1 + \cdots + x_{ip}\beta_p)}{\{1 + \exp(\beta_0 + x_{i1}\beta_1 + \cdots + x_{ip}\beta_p)\}^2} & k = 0; \ \ell = 0 \\ \displaystyle -\sum_{i=1}^{n} x_{i\ell} \frac{\exp(\beta_0 + x_{i1}\beta_1 + \cdots + x_{ip}\beta_p)}{\{1 + \exp(\beta_0 + x_{i1}\beta_1 + \cdots + x_{ip}\beta_p)\}^2} & k = 0; \ \ell = 1, \ldots, p \\ \displaystyle -\sum_{i=1}^{n} x_{ik} \frac{\exp(\beta_0 + x_{i1}\beta_1 + \cdots + x_{ip}\beta_p)}{\{1 + \exp(\beta_0 + x_{i1}\beta_1 + \cdots + x_{ip}\beta_p)\}^2} & k = 1, \ldots, p; \ \ell = 0 \\ \displaystyle -\sum_{i=1}^{n} x_{ik} x_{i\ell} \frac{\exp(\beta_0 + x_{i1}\beta_1 + \cdots + x_{ip}\beta_p)}{\{1 + \exp(\beta_0 + x_{i1}\beta_1 + \cdots + x_{ip}\beta_p)\}^2} & k, \ \ell = 1, \ldots, p \end{cases}$$

また,フィッシャー情報量行列 $\boldsymbol{I}(\boldsymbol{\beta})$ は,

$$w_i = \frac{\exp(\beta_0 + x_{i1}\beta_1 + \cdots + x_{ip}\beta_p)}{\{1 + \exp(\beta_0 + x_{i1}\beta_1 + \cdots + x_{ip}\beta_p)\}^2}$$

とおくと次のように与えられる.

---

[3] フィッシャー情報量行列は (10.7) の各 j, k の共分散をそれぞれ (i, j) 成分に持つ行列である.詳細は [12, 26, 29] などを参照.

[4] 2 階微分から対数尤度関数が凹関数であることがわかる.つまり尤度方程式の解が $\ell(\boldsymbol{\beta})$ を最大にする $\boldsymbol{\beta}$ になっている.

$$
\boldsymbol{I}(\boldsymbol{\beta}) = -
\begin{pmatrix}
I_{00} & I_{01} & \cdots & I_{0p} \\
I_{10} & I_{11} & \cdots & I_{1p} \\
\vdots & \vdots & \ddots & \vdots \\
I_{p0} & I_{p1} & \cdots & I_{pp}
\end{pmatrix}
= -
\begin{pmatrix}
\mathrm{E}\!\left[\frac{\partial^2}{\partial\beta_0\beta_0}\ell(\boldsymbol{\beta})\right] & \mathrm{E}\!\left[\frac{\partial^2}{\partial\beta_0\beta_1}\ell(\boldsymbol{\beta})\right] & \cdots & \mathrm{E}\!\left[\frac{\partial^2}{\partial\beta_0\beta_p}\ell(\boldsymbol{\beta})\right] \\
\mathrm{E}\!\left[\frac{\partial^2}{\partial\beta_1\beta_0}\ell(\boldsymbol{\beta})\right] & \mathrm{E}\!\left[\frac{\partial^2}{\partial\beta_1\beta_1}\ell(\boldsymbol{\beta})\right] & \cdots & \mathrm{E}\!\left[\frac{\partial^2}{\partial\beta_1\beta_p}\ell(\boldsymbol{\beta})\right] \\
\vdots & \vdots & \ddots & \vdots \\
\mathrm{E}\!\left[\frac{\partial^2}{\partial\beta_p\beta_0}\ell(\boldsymbol{\beta})\right] & \mathrm{E}\!\left[\frac{\partial^2}{\partial\beta_p\beta_1}\ell(\boldsymbol{\beta})\right] & \cdots & \mathrm{E}\!\left[\frac{\partial^2}{\partial\beta_p\beta_p}\ell(\boldsymbol{\beta})\right]
\end{pmatrix}
$$

$$
=
\begin{pmatrix}
1 & x_{11} & x_{12} & \cdots & x_{1p} \\
1 & x_{21} & x_{22} & \cdots & x_{2p} \\
\vdots & \vdots & \vdots & \ddots & \vdots \\
1 & x_{n1} & x_{n2} & \cdots & x_{np}
\end{pmatrix}^{\top}
\underbrace{
\begin{pmatrix}
w_1 & 0 & \cdots & 0 \\
0 & w_2 & \cdots & 0 \\
\vdots & \vdots & \ddots & \vdots \\
0 & 0 & \cdots & w_n
\end{pmatrix}
}_{= \boldsymbol{W}}
\underbrace{
\begin{pmatrix}
1 & x_{11} & x_{12} & \cdots & x_{1p} \\
1 & x_{21} & x_{22} & \cdots & x_{2p} \\
\vdots & \vdots & \vdots & \ddots & \vdots \\
1 & x_{n1} & x_{n2} & \cdots & x_{np}
\end{pmatrix}
}_{= \boldsymbol{X}}
$$

よって，フィッシャー情報量行列は次のようになる．

$$
\boldsymbol{I}(\boldsymbol{\beta}) = \boldsymbol{X}^{\top}\boldsymbol{W}\boldsymbol{X} \tag{10.10}
$$

また推定方程式は，$\boldsymbol{X}$ を用いて行列の積で表せる．

$$
\frac{\partial}{\partial\boldsymbol{\beta}}\ell(\boldsymbol{\beta}) = \boldsymbol{X}^{\top}(\boldsymbol{y} - \boldsymbol{p})
$$

ここで，$\boldsymbol{y} = (y_1,\ldots,y_n)^{\top}$ であり，$\boldsymbol{p}$ は以下で与えられる．

$$
\begin{aligned}
\boldsymbol{p} &= (p_1,\ldots,p_n)^{\top} \\
&= \left(\frac{\exp(\beta_0 + x_{11}\beta_1 + \cdots + x_{1p}\beta_p)}{1 + \exp(\beta_0 + x_{11}\beta_1 + \cdots + x_{1p}\beta_p)},\ldots,\frac{\exp(\beta_0 + x_{n1}\beta_1 + \cdots + x_{np}\beta_p)}{1 + \exp(\beta_0 + x_{n1}\beta_1 + \cdots + x_{np}\beta_p)} \right)^{\top}
\end{aligned}
$$

更新式 (10.9) を書き換えると，次の式が得られる．

$$
\boldsymbol{\beta}^{(m+1)} = \boldsymbol{\beta}^{(m)} + \left(\boldsymbol{X}^{\top}\boldsymbol{W}\boldsymbol{X} \right)^{-1} \boldsymbol{X}^{\top}(\boldsymbol{y} - \boldsymbol{p}) \Big|_{\boldsymbol{\beta} = \boldsymbol{\beta}^{(m)}} \tag{10.11}
$$

このようにして，更新式を用いて $\boldsymbol{\beta}$ がある閾値に達するまで更新を行うことで，最尤推定量を得ることができる．

　次に，モデルの当てはまりをどのように比べればよいだろう．線形回帰分析においては，決定係数がモデルの当てはまりの良さを表していた．ロジスティック回帰モデルのような一般化線形モデルは，以下の逸脱度 (deviance) を用いる．

定義10.8 　逸脱度

逸脱度 D はモデルの当てはまりの良さを表しており，以下で表される．

$$
D = 2\{(飽和モデルの最大対数尤度) - (関心のあるモデルの最大対数尤度)\}
$$

ロジスティック回帰モデルの場合は，飽和モデルは y_i の確率を p_i としたときである．データ

$y_1, \ldots, y_n$ が与えられたとき,飽和モデルの最大対数尤度は 0 となる.一方で,関心のあるモデルはロジスティック回帰モデルなので,最大対数尤度は,最尤推定量 $\hat{\boldsymbol{\beta}}$ を用いて以下で与えられる.

$$(\text{関心のあるモデルの最大対数尤度}) = \ell(\hat{\boldsymbol{\beta}})$$
$$= \sum_{i=1}^{n} \{ y_i \log \hat{p}_i + (1 - y_i) \log(1 - \hat{p}_i) \}$$

ここで,$\hat{p}_i$ は以下である.

$$\hat{p}_i = \frac{\exp(\hat{\beta}_0 + x_{i1}\hat{\beta}_1 + \cdots + x_{ip}\hat{\beta}_p)}{1 + \exp(\hat{\beta}_0 + x_{i1}\hat{\beta}_1 + \cdots + x_{ip}\hat{\beta}_p)}$$

これより,ロジスティック回帰モデルの逸脱度は次で与えられる.

$$D = 2 \sum_{i=1}^{n} \{ -y_i \log \hat{p}_i - (1 - y_i) \log(1 - \hat{p}_i) \}$$

また線形回帰分析の残差に対応する**逸脱度残差** d_k は次で与えられる.

$$d_k = (-1)^{y_i+1} \left[2 \{ -y_i \log \hat{p}_i - (1 - y_i) \log(1 - \hat{p}_i) \} \right]^{1/2}$$

また線形回帰分析と同様に回帰係数の検定を考える.しかしながら,線形回帰分析のときのように正確な分布はわからないので,サンプルサイズが十分が大きい場合の漸近分布で検定統計量の分布を導出する.

手順 10.4　ロジスティック回帰モデルの検定

データ $(\boldsymbol{x}_1, y_1), \ldots, (\boldsymbol{x}_n, y_n)$ が得られたとする.パラメータ $\boldsymbol{\beta} = (\beta_0, \beta_1, \ldots, \beta_p)^{\top}$ のロジスティック回帰モデルを用いるとき,線形回帰分析と同様に次の検定問題を考える.

$$\mathcal{H} : \beta_j = 0 \quad \text{vs.} \quad \mathcal{A} : \beta_j \neq 0$$

このとき,$\mathcal{H}$ の下で,$\hat{\beta}_j$ は漸近的に平均 0, 分散 I^{jj} の正規分布に従う.つまり,次が成り立つ.

$$Z_j = \frac{\hat{\beta}_j}{\sqrt{I^{jj}}} \xrightarrow{d} \mathcal{N}(0, 1) \quad (n \to \infty)$$

ここで,I^{jj} はフィッシャー情報行列の逆行列 $\boldsymbol{I}(\hat{\boldsymbol{\beta}})^{-1}$ の (j, j) 成分であり,$\xrightarrow{d}$ は分布収束を表す.

$$\begin{cases} |Z_j| > z(\alpha/2) \Rightarrow \mathcal{H} \, を棄却する \\ |Z_j| \leq z(\alpha/2) \Rightarrow \mathcal{H} \, を受容する \end{cases}$$

データから計算される Z_j の実現値 z_j を z 値 (z value) と呼び，z 値を用いて P 値は以下で与えられる．

$$\mathrm{P} \, 値 = 2\Pr(Z \geq |z_j|) = 2\{1 - F_Z(z_j)\}$$

ここで，$Z \sim \mathcal{N}(0,1)$ であり，$F_Z(z)$ は標準正規分布の分布関数である．

これらの結果は R を用いると簡単に得ることができる．以下で例題を用いて見ていこう．

◆ **例題 10.5** ◆

Melanoma データにおいて，status（患者の状態）を目的変数としてロジスティック回帰モデルを用いて解析せよ．ただし，説明変数の year（手術した年）は除くこととする．

【解答】 ロジスティック回帰モデルによる解析は glm() を用いれば，結果を求めることができる．

```
library(MASS)
data <-Melanoma[!(Melanoma$status == 3),      # 関係のない死亡は除外
                 colnames(Melanoma) != "year"]  # yearは除外
data$status <- as.factor(data$status)          # statusを順序尺度に変換
result <- glm(status~., data = data, family = binomial(logit))
```

書き方は lm() とほぼ同様に書くことできるが，違うところは引数 family の部分である．ここでは，family = binomial(logit) としてロジスティック回帰モデルを指定している．後述する一般化線形モデルは，family の指定を変えることで実行できる．この結果を summary() によって，以下のように出力できる．

```
summary(result)
 Call:
 glm(formula = status ~ ., family = binomial(logit), data = data)

 Deviance Residuals:
    Min       1Q    Median       3Q       Max
 -2.5971  -0.3210   0.1875   0.6392    2.2143

 Coefficients:
             Estimate Std. Error z value Pr(>|z|)
 (Intercept) -2.1641628  1.0557919  -2.050  0.04038 *
 time         0.0020894  0.0003825   5.462  4.7e-08 ***
 sex         -0.1623156  0.4593104  -0.353  0.72380
 age          0.0004228  0.0141003   0.030  0.97608
 thickness   -0.0936304  0.0884660  -1.058  0.28988
 ulcer       -1.2219318  0.4670858  -2.616  0.00889 **
```

```
---
Signif. codes: 0 '***' 0.001 '**' 0.01 '*' 0.05 '.' 0.1 ' ' 1

(Dispersion parameter for binomial family taken to be 1)

    Null deviance: 232.84  on 190  degrees of freedom
Residual deviance: 133.35  on 185  degrees of freedom
AIC: 145.35

Number of Fisher Scoring iterations: 6
```

□

　各変数の見方は表 10.3 にまとめている．いくつかの重要な項目を見てみよう．まず Pr(>|z|) は，説明変数がロジスティック回帰に対して有効な変数であるかを検定を使って調べた際の P 値である．線形回帰分析の結果のときと同様に，横に付いている*の数が多いほど有効であることが一目でわかるようになっている．一般化線形モデルに対するモデルの当てはまりは逸脱度 (Residual deviance) で判断するが，線形回帰分析の決定係数のようにわかりやすいものではない．また赤池情報量規準 (AIC) も値自体にはあまり意味がないことに注意する必要がある．基本的には逸脱度や情報量規準が他のモデルと比較して小さくなるモデルを選ぶことが実用上多い．

表 10.3　結果の見方

項目	意味
Deviance Residuals	逸脱度残差
Estimate	回帰係数の推定値，(Intercept)：切片項 (β_0)
Std. Error	標準偏差
z value	(回帰係数) $= 0$ を帰無仮説としたときの z 値
Pr(>|z|)	z 値に対応した P 値 '***': $0 \sim 0.001$, '**': $0.001 \sim 0.01$, '*': $0.01 \sim 0.05$, '.': $0.05 \sim 0.1$, '': $0.1 \sim$
Null deviance	切片のみのモデルでの逸脱度
Residual deviance	逸脱度
AIC	モデルの赤池情報量規準の値

◆ **例題 10.6** ◆

Melanoma データにおいて，status を目的変数としてロジスティック回帰モデルを用いて解析するとき，AIC と変数増減法を用いて変数選択せよ．

【解答】 線形回帰分析のときと同様に step() を用いれば，簡単にステップワイズの変数選択ができる．lm() 部分を glm() に変えることで以下のように書くことができる．

```
library(MASS)
data <-Melanoma[!(Melanoma$status == 3), colnames(Melanoma) != "year"]
data$status <- as.factor(data$status)
md_low <- glm(status~1, family = binomial(logit), data = data)
md_up <- glm(status~., family = binomial(logit), data = data)
result <- step(md_low, direction = "both",
               scope = list(upper = md_up, lower = md_low), k = 2)
```

これを実行すると例題 10.4 と同様の出力が続き，summary() によって以下のように出力できる．

```
summary(result)
 Call:
 glm(formula=status~time+ulcer, family=binomial(logit), data=data)

 Deviance Residuals:
     Min       1Q    Median       3Q      Max
 -2.6653  -0.3362    0.1713   0.6412   2.2433

 Coefficients:
               Estimate Std. Error z value Pr(>|z|)
 (Intercept) -2.5079543  0.7299371   -3.436 0.000591 ***
 time         0.0021678  0.0003828    5.663 1.49e-08 ***
 ulcer       -1.4197600  0.4334017   -3.276 0.001053 **
 ---
 Signif. codes: 0 '***' 0.001 '**' 0.01 '*' 0.05 '.' 0.1 ' ' 1

 (Dispersion parameter for binomial family taken to be 1)

     Null deviance: 232.84  on 190  degrees of freedom
 Residual deviance: 134.76  on 188  degrees of freedom
 AIC: 140.76

 Number of Fisher Scoring iterations: 6
```

step() によって，status を目的変数とすると，time（術後生存した日数）と ulcer（潰瘍形成の有無）を説明変数としたロジスティック回帰モデルが，最小の AIC (140.76) となり，最適なモデルとなった． ☐

10.3.2 一般化線形モデル

本章では，線形回帰モデルとロジスティック回帰モデルについて詳しく説明してきた．この2つのモデルは応用上非常に重要であり，基礎的なモデルであるが現実の問題ではより複雑な問題が数多く存在している．線形回帰モデルとロジスティック回帰モデルを含む，より一般的で適用範囲の広い方法が必要である．一般化線形モデル (GLM) はそのようなモデルの代表であり，様々な応用分野で用いられいる．

正規分布や二項分布などを含む分布族として，指数型分布族は次のように与えられる[5]．

$$f(y; \theta) = \exp\left\{ \frac{y\theta - b(\theta)}{\tau^2} + c(y, \tau) \right\}$$

ここで，$b(\cdot)$, $c(\cdot, \cdot)$ は関数である．特に $b(\cdot)$ を 2 階微分可能な関数とすると，期待値と分散は次のように与えられる．

$$\mathrm{E}(Y) = \mu = \frac{d}{d\theta} b(\theta), \quad \mathrm{Var}(Y) = \tau^2 \frac{d^2}{d\theta^2} b(\theta)$$

例えば，平均 μ，分散 σ^2 の正規分布は $\theta = \mu$ と $\tau^2 = \sigma^2$ とおき，$b(\cdot)$, $c(\cdot, \cdot)$ を次のようにおけばよい．

$$b(\theta) = \frac{1}{2}\theta^2, \quad c(y, \tau) = -\frac{1}{2}\log(2\pi\tau^2) - \frac{y^2}{2\tau^2}$$

また，成功確率 p のベルヌーイ分布は θ, τ, $b(\cdot)$, $c(\cdot, \cdot)$ を次のようにおけばよい．

$$\theta = \log\frac{p}{1-p}, \quad \tau = 1, \quad b(\theta) = \log\left(1 + e^\theta\right), \quad c(y, \tau) = 0$$

指数型分布族にはこの他にも指数分布やポアソン分布など様々な分布が含まれいる．指数型分布族に対して，一般化線形モデルは次のように定義される．

データ $(\boldsymbol{x}_1, y_1), \ldots, (\boldsymbol{x}_n, y_n)$ が得られたとする．このとき，y_i は独立に次の指数型分布族に従っているとする．

$$f(y_i; \theta_i) = \exp\left\{ \frac{y_i\theta_i - b(\theta_i)}{\tau^2} - c(y, \tau) \right\}$$

このとき，$\mathrm{E}[y_i] = \mu_i = b'(\theta)$ とおく．関数 $g(\cdot)$ と説明変数 $\boldsymbol{x}_i$ を用いて，μ_i を次のようにモデル化したモデルを一般化線形モデルという．

$$g(\mu_i) = \beta_0 + x_{i1}\beta_1 + \cdots + x_{ip}\beta_p$$

$g(\cdot)$ は平均と説明変数を繋げるという意味でリンク関数と呼ばれる．特に $g(\mu_i) = \theta_i$ となるような $g(\cdot)$ を正準リンク関数という．例えば，正規分布を仮定し，$g(\mu_i) = \mu_i$ とするとこのモデルは線形回帰モデルである．また，ベルヌーイ分布を仮定し，リンク関数を次で定義するとロジスティック回帰モデルになる．

---

[5] ここでは簡単のため，指数型分布族の正準形を用いている．一般的な指数型分布族の形状は $f(y; \theta) = \exp\{a(y)b(\theta) + c(\theta) + d(y)\}$ である．

$$g(\mu_i) = \log\left(\frac{\mu_i}{1 - \mu_i}\right)$$

このようにして，様々な回帰分析が可能であり，ロジスティック回帰分析と同様に反復計算法により最尤推定量を導出することが可能である．また逸脱度や検定，変数選択についても，ロジスティック回帰分析と同様の結果であることが知られている．

演習問題

問題 10.1　(10.5) の等式を示し，重回帰における最小二乗推定量を導出せよ．

問題 10.2　2 つの観測対象からのデータが $(x_1, y_1) = (1, 2)$, $(x_2, y_2) = (-1, -2)$ のように得られた．このとき最小二乗法を用いて回帰直線を求めよ．

問題 10.3　R に含まれる trees データについて，以下の問いに答えよ．

(1)　次の result1 と result2 が同じ結果を返すことを確かめよ．

```
library(MASS)
data <-trees
result1 <- lm(formula = Volume ~ Girth + Height, data = data)
result2 <- lm(formula = Volume ~. , data = data)
```

(2)　Volume（材積）を説明するのに次のどちらのモデルが良いか考察せよ．

　モデル **A** Volume = Girth + Height　　　　モデル **B** log(Volume) = log(Girth) + log(Height)

問題 10.4　例題 10.4 と同様に Boston データにおいて，BIC を用いて変数を選択し，AIC のときと比較せよ．

問題 10.5　data10_2.csv のデータを用いて，Y を目的変数として重回帰分析を実行せよ．

問題 10.6　data10_3.csv のデータを用いて，Y を目的変数としてロジスティック回帰分析を実行せよ．

問題 10.7🐾　data10_4.csv のデータを用いて，Y を目的変数としてポアソン回帰分析を実行せよ．

問題 10.8　data10_5.csv のデータについて，Y を目的変数として線形回帰モデルとロジスティック回帰モデルのどちらのモデルが良いかを述べよ．

問題 10.9🐾　data10_1.csv のデータについて，weight（体重）を目的変数とする線形回帰モデルに対して，どの変数を用いるのが良いかを述べよ．

問題 10.10🐾　重回帰分析における最小二乗推定量 $\hat{\boldsymbol{\beta}} = (\hat{\beta}_0, \hat{\beta}_1, \ldots, \hat{\beta}_p)^\top$ が不偏推定量，つまり，$\mathrm{E}(\hat{\boldsymbol{\beta}}) = \boldsymbol{\beta}$ であり，分散共分散行列が

$$\mathrm{Var}(\hat{\boldsymbol{\beta}}) = \begin{pmatrix} \mathrm{Var}(\hat{\beta}_0) & \mathrm{Cov}(\hat{\beta}_0, \hat{\beta}_1) & \cdots & \mathrm{Cov}(\hat{\beta}_0, \hat{\beta}_p) \\ \mathrm{Cov}(\hat{\beta}_1, \hat{\beta}_0) & \mathrm{Var}(\hat{\beta}_1) & \cdots & \mathrm{Cov}(\hat{\beta}_1, \hat{\beta}_p) \\ \vdots & \vdots & \ddots & \vdots \\ \mathrm{Cov}(\hat{\beta}_p, \hat{\beta}_0) & \mathrm{Cov}(\hat{\beta}_p, \hat{\beta}_1) & \cdots & \mathrm{Var}(\hat{\beta}_p) \end{pmatrix} = \sigma^2 \left(\boldsymbol{X}^\top \boldsymbol{X}\right)^{-1}$$

であることを示せ．また，$\hat{\boldsymbol{\beta}}$ が最良線形不偏推定量 (BLUE) であることを示せ．

参考文献

[1] Agresti, A.(1990), *Categorical data analysis*, John Wiley & Sons.

[2] Agresti, A.(2012), *Categorical data analysis 3ed*, John Wiley & Sons.

[3] Akaike, H.(1973), Information theory and an extension of the maximum likelihood principle, *Proceedings of the 2nd International Symposium on Information Theory*(Petrov, B. N., and Caski, F. eds.), Akadimiai Kiado, Budapest: 267-281.

[4] Akaike, H.(1977), On entropy maximization principle, *Application of Statistics*(Krishnaiah P.R. ed.), North-Holland, **27**(41).

[5] 安道知寛（2010），統計ライブラリー ベイズ統計モデリング，朝倉書店.

[6] Bishop, Y. M. M., Fienberg, S. E., and Holland, P. W.(1975), *Discrete Multivariate Analysis: Theory and Practice*, MIT Press.

[7] Bowker, A. H.(1948), A test for symmetry in contingency tables, *Journal of American Statistical Association*, **43**, 572-574.

[8] Chow, S. C., Wang, H. and Shao, J.(2018), *Sample size calculations in clinical research, 3ed*, Chapman and Hall/CRC.

[9] Efroymson, M. A.(1960), *Multiple regression analysis*, Mathematical Methods for Digital Computers, (Ralston A. and Wilf, H. S. eds.), Wiley.

[10] Ferguson, S. T., 訳：野間口謙太郎 (2017)，必携統計的大標本論—その基礎理論と演習—，共立出版.

[11] Fujikoshi, Y.(2022), High-dimensional consistencies of KOO methods in multivariate regression model and discriminant analysis, *Journal of Multivariate Analysis*, **188**, 104860.

[12] 藤越康祝・若木宏文・柳原宏和 (2011)，確率・統計の数学的基礎，広島大学出版会.

[13] Hannan, E. J. and Quinn, B. G.(1979). The determination of the order of an autoregression, *Journal of the Royal Statistical Society: Series B (Methodological)*, **41**(2), 190-195.

[14] Hansen, B. E.(2022), A modern gauss-markov theorem, *Econometrica*, **90**(3), 1283-1294.

[15] 鎌谷研吾 (2020)，モンテカルロ統計計算（データサイエンス入門シリーズ），講談社.

[16] 川野秀一・松井秀俊・廣瀬慧 (2018)，スパース推定法による統計モデリング，共立出版

[17] 小林正弘・田畑耕治 (2021)，確率と統計：一から学ぶ数理統計学（数学のかんどころ 39），共立出版.

[18] 小西貞則（2010），多変量解析入門—線形から非線形へ—，岩波書店.

[19] 小西貞則・北川源四郎 (2004)，シリーズ〈予測と発見の科学〉2 情報量規準，朝倉書店.

[20] 倉田博史・星野崇宏 (2009)，入門統計解析，新世社.

[21] Lehmann, E. L.(2004), *Elements of Large-Sample Theory*, Springer Science & Business Media.

[22] Maxwell, A. E.(1970), Comparing the classification of subjects by two independent judges, *British Journal of Psychiatry*, **116**, 651-655.

[23] 森口繁一・宇田川銈久・一松信 (1987)，岩波数学公式 (3) 特殊函数，岩波書店

[24] McCullagh, P. and Nelder, J.(1989), *Generalized Linear Models*, 2ed, Boca Raton: Chapman and Hall/CRC.

[25] 野田一雄・宮岡悦良 (1990)，入門・演習 数理統計，共立出版.

[26] 野田一雄・宮岡悦良 (1992)，数理統計学の基礎，共立出版.

[27] 佐藤坦 (1994)，はじめての確率論 測度から確率へ，共立出版.

[28] 佐藤俊哉 (2017)，統計的有意性と P 値に関する ASA 声明，日本計量生物学会，http://www. biometrics.gr.jp/news/all/ASA.pdf.

[29] 佐和隆光 (2007)，統計ライブラリー 回帰分析 新装版，朝倉書店.

[30] Schwarz, G.(1978), Estimating the dimension of a model, *Annals of Statistics*, **6**, 461-464.

[31] Scott, D. W.(1992), *Multivariate Density Estimation: Theory, Practice, and Visualization*, John Wiley & Sons.

[32] Stuart, A.(1955), A test for homogeneity of the marginal distributions in a two-way classification, *Biometrika*, **42**(3/4), 412-416.

[33] 田口玄一 (1985)，品質工学のための実験計画法 II. 直交多項式の利用と許容差設計，精密工学会，51(5), 80-86.

[34] 竹村彰通 (2007)，共立講座 21 世紀の数学 第 14 巻 統計 第 2 版，共立出版.

[35] 寺澤順 (2006)，Π と微積分の 23 話（数学ひろば），日本評論社.

[36] Wasserstein, R. L. and Lazar, N. A.(2016), The ASA statement on p-values: context, process, and purpose, *The American Statistician*, **70**(2), 129-133.

[37] Watanabe, S.(2010), Asymptotic equivalence of bayes cross validation and widely applicable information criterion in singular learning theory, *Journal of Machine Learning Research*, **11**, 3571-3594.

[38] Watanabe, S.(2013), A widely applicable bayesian information criterion. *Journal of Machine Learning Research*, **14**, 867-897.

索 引

〈著者紹介〉

兵頭　昌（ひょうどう　まさし）

2012 年　東京理科大学大学院理学研究科数学専攻博士課程 修了
現　　在　神奈川大学経済学部 准教授
　　　　　博士（理学）
専　　門　数理統計学

中川智之（なかがわ　ともゆき）

2018 年　広島大学大学院理学研究科数学専攻博士課程 修了
現　　在　東京理科大学理工学部情報科学科 講師
　　　　　博士（理学）
専　　門　多変量解析，ロバスト統計，統計的漸近理論

渡邉弘己（わたなべ　ひろき）

2018 年　大分県立看護科学大学看護学部 助手
2019 年　東京理科大学大学院理学研究科応用数学専攻博士課程 単位取得満期退学
同　　年　大分県立看護科学大学看護学部 助教
現　　在　フェリス女学院大学国際交流学部 准教授
　　　　　博士（理学）
専　　門　多変量解析

よくわかる！Rで身につく
統計学 入門

A First Course in Statistics with R

2022 年 12 月 15 日　初版 1 刷発行

著　者　兵頭　昌
　　　　中川智之　ⓒ 2022
　　　　渡邉弘己

発行者　南條光章

発行所　**共立出版株式会社**
東京都文京区小日向 4-6-19
電話　03-3947-2511（代表）
郵便番号　112-0006
振替口座　00110-2-57035
www.kyoritsu-pub.co.jp

印　刷　大日本法令印刷

製　本　協栄製本

一般社団法人
自然科学書協会
会員

検印廃止
NDC 417

ISBN 978-4-320-11479-1

Printed in Japan